教育部人文社会科学研究项目"农业资源生态功能的生态补偿标准依据研究"（14YJA790092）

农业资源生态功能的
生态补偿标准依据研究

Nongyeziyuan Shengtai Gongneng De
Shengtai Buchang Biaozhun
Yiju Yanjiu

邹昭晞　著

中国社会科学出版社

图书在版编目（CIP）数据

农业资源生态功能的生态补偿标准依据研究/邹昭晞著. —北京：
中国社会科学出版社，2018.10
ISBN 978 - 7 - 5203 - 3319 - 1

Ⅰ.①农…　Ⅱ.①邹…　Ⅲ.①农业生态—生态环境—补偿
机制—研究—中国　Ⅳ.①S181.3

中国版本图书馆 CIP 数据核字（2018）第 234198 号

出 版 人	赵剑英	
责任编辑	刘晓红	
责任校对	孙洪波	
责任印制	戴　宽	
出　　版	中国社会科学出版社	
社　　址	北京鼓楼西大街甲 158 号	
邮　　编	100720	
网　　址	http：//www.csspw.cn	
发 行 部	010 - 84083685	
门 市 部	010 - 84029450	
经　　销	新华书店及其他书店	
印　　刷	北京明恒达印务有限公司	
装　　订	廊坊市广阳区广增装订厂	
版　　次	2018 年 10 月第 1 版	
印　　次	2018 年 10 月第 1 次印刷	
开　　本	710 × 1000　1/16	
印　　张	10	
插　　页	2	
字　　数	145 千字	
定　　价	46.00 元	

目　　录

第一章 绪论

第一节 研究背景

在工业化、城市化发展模式下，各个国家都视农业为提供农副产品、廉价劳动力、原材料及工业品市场的产业，而对农业本身的全面内涵却缺乏应有的关注，以致农业在其生产力提高的同时相对地位却不断下降，环境日益恶化，农村日益凋敝，从业农民不断减少，农业失去了可持续发展的能力。

20世纪70年代，人们开始对人与自然的关系进行重新审视，对生态环境的功能价值进行重新评估，并陆续提出了生态环境价值论等理论观点。这些研究很快延伸到农业的生态服务价值理论，农业多功能理论也应运而生。1992年，联合国环境和发展大会通过的《21世纪议程》正式采用农业多功能性提法，指出农业除具有经济功能外，还具有社会功能、生态功能和政治功能等。现代多功能农业也因其价值重大被公认为未来农业发展的趋势。

伴随世界各国生态环境问题日益严重和农业多功能性概念的提出，农业的生态功能和价值日益凸显其重要作用。近年来，由于社会需求的不断攀升，学术界和实际工作部门加大了对农业的生态功能和价值的研究力度。与此同时，对农业的生态补偿成为提高农业生态功能和价值重要的制度安排，学术界和实际工作部门也逐步将对农业的生态功能和价值的研究延展至对农业生态补偿机制的研究。

对农业生态功能与价值及其补偿机制的研究我国国内学者起步相

对较晚，但日益受到学术界与政府部门的重视。笔者自 2005 年开始涉足生态环境领域，2007 年在承接一项产业经济项目时参与农业生态价值与补偿机制问题的研究，深切体会到近年来实际工作部门对这一领域研究的迫切需求，感受到学术界对这一领域研究突飞猛进的进展。农业的生态功能和价值评估体系的范围日益明晰和健全，其评估工具与方法日臻完善。同时，也看到这一领域的研究仍存在一些不足。不足之处主要表现在对农业生态价值生态补偿机制的核心问题——补偿标准的研究，虽然研究思路正在逐步清楚，但由于大多成果对生态补偿的基本原理研究不够，更多的是运用国外的一些方法套用在国内的案例，研究结果可信度不高。实际工作部门对于农业生态补偿标准的决策至今仍处于无据可依的状况。笔者因此萌生了从基本原理入手研究农业生态补偿标准依据的想法，并形成了本书研究的具体思路。

第二节　研究意义

一　理论意义

本书从农业生态补偿基本原理出发，建立农业资源的"生态功能"到"生态补偿"之间的经济学理论桥梁，明确农业生态功能的生态补偿的本质内涵。在此基础上构建农业资源生态功能的生态补偿标准测算分析模型，为农业资源生态功能的生态补偿标准的研究和测算提供可信服的工具，对生态与环境经济学、农业经济学理论体系的建设与完善具有重要的意义。

二　实践价值

本书通过构建具有可操作性的农业生态功能生态补偿标准测算的分析模型，为实际工作部门提供农业生态补偿标准确定提供了依据，本书对我国生态文明建设、农业实现可持续发展、构建和谐社会、改善农村环境、消除贫困等方面都具有重要的实践价值。

第三节　相关概念与国内外研究综述

一　国外研究

国外对农业生态系统服务价值的研究是在对生态服务价值研究的总体背景下进行的，而对于生态服务价值的研究又是在对自然资本及生态系统服务功能等问题的研究基础上发展起来的。

1948 年，Vogt 提出了自然资本的概念。20 世纪 70 年代以来，Holder 和 Ehrlich（1974）[①]、De Groot 等（2002）[②]、Costanza 等（1989）[③] 对全球环境系统、自然生态服务、湿地生态系统的价值问题进行了研究。20 世纪 90 年代以来，随着生态环境问题的日益突出，可持续发展的理念迅速传播，Costanza 等（1997）[④]、Daily 等（1997）[⑤] 首次完整定义了生态服务的概念，系统地阐述了生态服务功能和价值，并详细列举了评估方法。

Costanza 等（1997）[⑥] 在将生态服务价值划分为 17 类的基础上，对包括农业生态系统在内的全球生态系统的服务价值进行了评估。研究以全球生态系统（陆地生态系统和海洋生态系统）的亚系统为纵轴，以生态的具体功能为横轴，构建了一个二维的全球生态系统服务功能的价值评价体系。该评价体系建立在对生态服务的个人"偿付意

[①]　Holder, J., Ehrlich, P. R., "Human population and global environment", *American Scientist*, No. 62, 1974, pp. 282 – 297.

[②]　De Groot, R. S., Wilson, M. A., Boumans, R. M. J., "A typology for the classification, description and valuation of ecosystem functions, goods and services", *Ecological Economics*, No. 41, 1987, pp. 393 – 408.

[③]　Costanza, R., Farber, S., Maxwell, J., "The valuation and management of wetland ecosystems", *Ecological Economics*, No. 1, 1989, pp. 335 – 362.

[④]　Costanza, R., d'Arge, R., de Groot, R. et al., "The value of the world's ecosystem services and natural capital", *Nature*, No. 387, 1997, pp. 253 – 260.

[⑤]　Daily, G. C., *Nature's Service Societal Dependence on Natural Ecosystems*, Washington, D. C.: Island Press, 1997.

[⑥]　Costanza, R., d'Arge, R., de Groot, R. et al., "The value of the world's ecosystem services and natural capital", *Nature*, No. 387, 1997, pp. 253 – 260.

愿"基础上，采用消费者剩余加生产者剩余之和、纯租金和市场价格法综合进行计算。

Daily 等（1997）[①] 则在其著作中比较系统地阐述了生态系统服务功能和价值的概念，包括农业生态系统服务价值在内的服务价值评估、不同生态系统的服务功能以及区域生态系统服务功能。在明确生态系统服务功能的内容和评价方法的基础上，研究测算了不同地区森林、湿地、海岸等生态系统的服务功能价值。

Wagner（1998）[②] 的主要贡献在于生态服务功能经济价值的核算。主要包括三部分：一是把环保能力折算成资本；二是把人类意愿折算为资金；三是把未来价值贴现为现值。具体的评估方法有人力资本法、旅行费用法、实验评价法、资产价值法、市场价值法、机会成本法、费用分析法等。

2001 年，千年评估工作组（MA）提出了更加明确的生态系统服务功能分类，把生态系统功能确定为提供产品、调节功能、文化功能和生命支持功能四大类，并明确了每一类的具体目标。

20 世纪 60 年代到 90 年代初期，在非市场化的生态服务价值研究方法方面也取得了一些突破，其中 Davis（1963）[③] 首先正式提出条件价值评估法（Contingent Valuation Method，CVM），该方法近年来日益受到广泛重视。条件价值法是对环境等具有无形效益的公共物品进行价值评估的方法，主要利用问卷调查方式直接考察受访者在假设性市场里的经济行为，以得到消费者支付意愿来对商品或服务的价值进行计量的一种方法。为确定该方法的有效性，1992 年美国国家海洋和大气管理局（NOAA）任命了以 Kenneth Arrow 和 Robert Solow 两位诺贝尔经济学奖获得者为领导的高级委员会，对 CVM 法的可应用性进行

---

① Daily, G. C. , *Nature's Service Societal Dependence on Natural Ecosystems*, Washington, D. C. : Island Press, 1997.

② Wagner, J. E. A. , "Role for economic analysis in the ecosystem management debate", *Landscape and Urban Planning*, No. 40, 1998, pp. 151 – 157.

③ Davis, R. K. , "Recreation planning as an economic problem", *Natural Resources Journal*, No. 3, 1963, pp. 239 – 249.

评估。该委员会在其所提交的评估报告中肯定了该方法在自然资源价值评估方面的实用性，并在调查方法方面提出了一些指导性原则。目前学术界对 CVM 法还存在较多分歧。

在生态系统服务价值研究逐渐深入的同时，农业生态系统服务价值的研究也逐步受到国外学者的关注。据 Wade 等（1992）① 提供的文献，对于农业生态系统服务价值早期相关研究可追溯到 1964 年 Nicol 关于水土流失的评价模型。另据 English 等（1992）② 的综述，Dyke 等在 20 世纪 80 年代初曾经就土壤侵蚀对产量的影响进行了研究。此后 Glimour 等（1987）③、Betters（1988）④ 等对农业森林生态系统的最优规划、造林对土壤水分保持的影响等问题进行了探索。

20 世纪 90 年代以来，对农业生态系统服务价值的研究迅速发展。Bjorklund 等（1999）⑤ 对农业生态系统中土壤的维持、生物的管理、营养物质的循环、废弃物质同化、二氧化碳吸收和基因信息保持等的研究中发现，农业生态系统服务功能的强弱与农业生产强度关系密切。

Miguel（1999）⑥、Swift（2004）⑦ 的研究表明，农业活动能够保

---

① Wade, J. C. , Heady, E. O. , "An interregional model for evaluating the control of sediment from agriculture", *Economic Models of Agricultural Land Conservation and Environmental Improvement*, Ames, Iowa: Iowa State University Press, 1992, pp. 139 – 161.

② English, B. C. , Heady, E. O. , "Analysis of long – term agricultural resource use and productivity change for U. S. agricul – ture", *Economic Models of Agricultural Land Conservation and Environmental Improvement*, Ames, Iowa: Iowa State University Press, 1992, pp. 175 – 203.

③ Glimour, D. A. , Bonell, M. , Cassells, D. S. , "The effects of forestation on soil hydraulic properties in the Middle Hills of Nepal: A preliminary assessment", *Mountain Research and Development*, No. 7, 1987, pp. 239 – 249.

④ Betters, D. R. , "Planning optimal economic structure for agroforestry systems", *Agroforestry Systems*, No. 7, 1988, pp. 17 – 31.

⑤ Bjorklund, J. , Limburg, K. E. , Rydberg, T. , "Impact of production intensity on the ability of the agricultural landscape to generate ecosystem services: An example from Sweden", *Ecological Economics*, Vol. 29, No. 2, 1999, pp. 269 – 291.

⑥ Miguel, A. A. , "The ecological role of biodiversity in agroecosystem", *Agriculture, Ecosystems and Environment*, No. 74, 1999, pp. 9 – 31.

⑦ Swift, M. J. , "Biodiversity and ecosystem services in agricultural landscapes – Are we asking the right question?", *Agriculture, Ecosystems and Environment*, No. 104, 2004, pp. 113 – 134.

持农业生物多样性，保护农业生产力，并具有促进养分循环、调节气候和水文、控制有害生物、降解毒素等生态功能，如保持农田杂草的多样性、可产生保护天敌和促进土壤养分循环的生态服务功能。

Wall 等（2010）[1] 的研究显示，多样性对生态系统的生物化学功能和生态功能具有非常重要的作用，例如，有机腐烂是土壤生物系统提供的最重要的生态服务之一，对土壤肥力、植物生长、土壤结构和碳储存具有一定作用。

Wood 等（2000）[2] 对世界农业生态系统进行了定量和定性分析，评估了农业生态系统的状态，主要包括粮食、饲料和纤维，水服务，生物多样性以及碳储存。结果显示，1997 年农业生态系统食物生产的价值为 1.3×10^{12} 美元，提供了人类消费 94% 的蛋白质和 99% 的热量；土壤盐碱化导致生产力下降的损失为 1.1×10^{10} 美元；全球 17% 的灌溉耕地生产了全世界 30%—40% 的粮食；高投入的农业生态系统中生物多样性较高，而低投入的生态系统通过不断将自然栖息地转化为耕地导致生物多样性显著损失；农业生态系统分担了全球碳储存的18%—24%。

Daily（2000）[3] 评估了一家澳大利亚农场收益的构成，其中粮食（小麦）、纤维（羊毛）、木材的收益占 65%，水过滤、碳沉积、盐分控制和生物多样性维持占 35%。

Pretty 和 Ball（2001）[4] 根据当时国际碳贸易中的碳价格［2.5—5 美元/吨碳］，评估英国种植业和畜牧业的碳累积能给农民带来 1.8×10^{7}—1.47×10^{8} 英镑收入。他们因此提出，如果决策者认识到

① Wall, D. H., Bardgett, R. D., Kelly, E. F., "Biodiversity in the dark", *Nature Geoscience*, Vol. 3, No. 5, 2010, pp. 297 – 298.

② Wood, S., Sebastian, K., Scherr, S. J., *Pilot analysis of global ecosystems: Agroecosystems*, Washington: International Food Policy Research Institute and World Resources Institute, 2000.

③ Daily, G. C., "Management objectives for the protection of ecosystem services", *Environmental Science & Policy*, Vol. 3, No. 6, 2000, pp. 333 – 339.

④ Pretty, J., Ball, A., *Agricultural influences on carbon emissions and sequestration: A review of evidence and the emerging trading options*, Essex: Centre for Environment and Society, University of Essex, 2001.

农业系统能够提供许多其他的公共物品，并给它们定价以增加对农业的总支付费用，将有助于鼓励农民采纳大量可持续的农业措施。

Rounsevell（2005）[①] 研究表明，由于各地农业调控方式的影响过程差异很大，而且突出的生态环境问题不同，因此降低了跨区域农业生态系统生态服务功能研究结果的横向可比性；相反，在同一区域内，农业生态系统服务功能的纵向可比性相对较高。这样就可以预测出同一区域农业结构的变化对生态服务功能的影响。只要找出影响生态服务功能的主要因素，就能够正确选择改善农业生态服务功能的有效途径。

Bailey 等（1999）[②] 对比了1992—1995年集约农业和传统农业实践过程中部分生态系统服务功能的变化，结果表明，集约农业的环境收益为 −22.24— −133.44 英镑/公顷，而传统农业的收益为26.64—147.84 英镑/公顷。与自然生态系统相比，集约化农业主要提供农产品，其他生态系统服务的供给很少，有些甚至是负值，而且集约和高投入的农业措施影响了农业生态系统提供某些生态服务的能力，从长期看甚至能抵消它们生产大量粮食和纤维的能力。

Sandhu 等（2008）[③] 评价了新西兰 Canterbury 耕地景观生态系统服务的经济价值。结果显示，有机农田生态系统服务的总经济价值为1610—19420 美元/公顷，而常规农田为1270—14570 美元/公顷；有机农田的生态系统服务非市场价值为460—5240 美元/公顷，常规农田为50—1240 美元/公顷。常规新西兰耕作显著减少了某些服务在农业中的经济贡献，而有机农业增加了它们的经济价值。

---

① Rounsevell, M. D. A., "Future scenarios of European agricultural land use Ⅱ. Projecting changes in cropland and glass land", *Agriculture, Ecosystems and Environment*, No. 107, 2005, pp. 117 – 135.

② Bailey, A. P., Rehman, T., Park, J. et al., "Towards a method for the economic evaluation of environmental indicators for UK integrated arable farming systems", *Agriculture Ecosystems & Environment*, No. 72, 1999, pp. 145 – 158.

③ Sandhu, H. S., Wratten, S. D., Cullen, R. et al., "The future of farming: The value of ecosystem services in conventional and organic arable land. An experimental approach", *Ecological Economics*, No. 64, 2008, pp. 835 – 848.

此外，国外相关研究在农用地的水土保持生态价值与环境改善之间关系（Vocke et al.，1992）①、农业生态服务价值评价指标（Bockstael et al.，1995②；Rigby et al.，2001③）、虫害控制的生态服务（Naylor & Ehrlich，1997）④、农业生态系统土壤侵蚀的经济损失（Penning et al.，1998）⑤、鱼群的生态服务价值（Holmund and Hammer et al.，1999）⑥、农业的外部成本（Pretty et al.，2000）⑦、农业的多功能性（Boody et al.，2005）⑧、农业生态系统的正负服务（Zhang et al.，2007⑨；Swinton et al.，2007⑩），以及在人类管理下的森林生态系统的研究（Betters，1988）⑪ 等诸多方面也取得了众多成果。

二 国内研究

我国关于生态服务功能价值的研究始于 20 世纪 80 年代初。1982年，张嘉宾等利用影子工程法和费用替代法估算云南怒江、福贡等地

---

① Vocke, G. F., Heady, E. O. (ed.), "Economic Models of Agricultural Land Conservation and Environmental Improvement", *Ames*, Iowa: Iowa State University Press, 1992.

② Bockstael, N., Costanza, R., Strand, I. et al., "Ecological economic modeling and valuation of ecosystems", *Ecological Economics*, No. 14, 1995, pp. 143 – 159.

③ Rigby, D., Woodhouse, P., Young, T. et al., "Constructing a farm level indicator of sustainable agricultural practice", *Ecological Economics*, No. 39, 2001, pp. 463 – 478.

④ Naylor, R., Ehrlich, P., "Natural pest control services and agriculture", *Nature's Services: Societal Dependence on Natural Ecosystems*, Washington: Island Press, 1997, pp. 151 – 174.

⑤ Penning de Vries, F. W. T., Agus, F., Kerr, J., *Soil Erosion at Multiple Scale*, Wallingford, UK: CBAI Publishing, 1998.

⑥ Holmund, C., Hammer, M., "Ecosystem services generated by fish population", *Ecological Economics*, No. 29, 1999, pp. 253 – 268.

⑦ Pretty, J. N., Brett, C., Gee, D. et al., "An assessment of the total external costs of UK agriculture", *Agricultural Systems*, No. 65, 2000, pp. 113 – 136.

⑧ Boody, G., Vondracek, B., Andow, D. A. et al., "Multifunctional agriculture in the United States", *Bioscience*, Vol. 55, No. 1, 2005, pp. 27 – 38.

⑨ Zhang, W., Ricketts, T. H., Kremen, C. et al., "Ecosystem services and disservices to agriculture", *Ecological Economics*, Vol. 64, No. 2, 2007, pp. 253 – 260.

⑩ Swinton, S. M., Lupi, F., Robertson G. P., et al., "Ecosystem services and agriculture: Cultivating agricultural ecosystems for diverse benefit", *Ecological Economics*, Vol. 64, No. 2, 2007, pp. 245 – 252.

⑪ Betters, D. R., "Planning optimal economic structure for agroforestry systems", *Agroforestry Systems*, No. 7, 1988, pp. 17 – 31.

的森林固持土壤功能的价值和森林涵养水源功能的价值。到 20 世纪 90 年代中期，经济学家许涤新、生态学家马世骏、环境经济学者王金南、李金昌等、夏光等先后出版了相关著作，从不同学科视角为该领域的研究打下了基础。

关于农业的生态功能与价值的研究，国内学者与国外学者研究领域基本一致，近年来国内的相关研究逐步延伸至本书的主题——农业生态补偿机制的研究。以下对近年来国内相关研究的梳理和总结，从三个方面展开：一是关于农业生态功能与价值评估体系所涉及的范围；二是农业生态功能与价值的评价方法；三是在农业生态功能价值评价基础上生态补偿机制的核心问题——补偿标准的确立方法。

（一）农业的生态功能和价值评估体系的范围

农业的生态功能和价值评估体系的范围涉及农业资源、生态功能、区域三个角度。

1. 农业资源的范围

国内相关研究关于农业生态功能与价值的评估涉及农业资源的范围基本上是按森林—草地、农田—湿地的顺序延展开来的。

对森林资源生态功能与价值评估的研究成果 2000 年以前较少，侯元兆等（1995）[1]、薛达元等（1999）[2] 的研究具有代表性。2000 年以后，相关研究成果大量涌现，如肖寒和欧阳志云（2000）[3]、韩维栋等（2000）[4]、姚先铭和康文星（2007）[5]、靳芳等（2007）[6]、马建

[1]　侯元兆、王琦：《中国森林资源核算研究》，《世界林业研究》1995 年第 3 期。
[2]　薛达元、包浩生、李文华：《长白山自然保护区生物多样性旅游价值评估研究》，《自然资源学报》1999 年第 2 期。
[3]　肖寒、欧阳志云：《森林生态系统服务功能及其生态价值的评估初探》，《应用生态学报》2000 年第 4 期。
[4]　韩维栋、高秀梅、卢昌义、林鹏：《中国红树林生态系统生态价值评估》，《生态科学》2000 年第 1 期。
[5]　姚先铭、康文星：《城市森林社会服务功能价值评价指标与方法探讨》，《世界林业研究》2007 年第 4 期。
[6]　靳芳、余新晓、鲁绍伟：《中国森林生态服务功能及价值》，《中国林业》2007 年第 7 期。

伟等（2007）①、赵晟等（2007）②、白杨等（2011）③、马长欣等（2010）④、王新闯等（2011）⑤、杨晓菲等（2011）⑥、张敏等（2013）⑦。其中既有关于针对人类干预相对较少的自然林生态服务价值的研究，也有关于城市森林生态系统的研究。

对草地资源生态功能与价值评估的研究 2004 年以前非常少，代表性的研究有谢高地等（2001）⑧ 对中国自然草地生态系统服务价值进行的评估、许英勤等（2003）⑨ 对塔里木河下游以塔里木垦区为主的人工及部分天然绿洲区生态系统服务价值进行估算以及何文清等（2004）⑩ 对内蒙古阴山北麓风蚀沙化区农业生态系统服务功能价值进行的评估。2004 年开始，相关研究大量增加，其中比较有代表性的

① 马建伟、张宋智、郭小龙：《小陇山森林生态系统服务功能价值评估》，《生态与农村环境学报》2007 年第 3 期。

② 赵晟、洪华生、张珞平、陈伟琪：《中国红树林生态系统服务的能值价值》，《资源科学》2007 年第 1 期。

③ 白杨、欧阳志云、郑华、徐卫华、江波、方瑜：《海河流域森林生态系统服务功能评估》，《生态学报》2011 年第 7 期。

④ 马长欣、刘建军、康博文、孙尚华、任军辉：《1999—2003 年陕西省森林生态系统固碳释氧服务功能价值评估》，《生态学报》2010 年第 6 期。

⑤ 王新闯、齐光、于大炮、周莉、代力民：《吉林省森林生态系统的碳储量、碳密度及其分布》，《应用生态学报》2011 年第 8 期。

⑥ 杨晓菲、鲁绍伟、饶良懿、耿绍波、曹晓霞、高东：《中国森林生态系统碳储量及其影响因素研究进展》，《西北林学院学报》2011 年第 3 期。

⑦ 张敏、陈永根、于翠平、潘志强、范冬梅、骆耀平、王校常：《在茶园生产周期过程中茶树群落生物量和碳储量动态估算》，《浙江大学学报》（农业与生命科学版）2013 年第 6 期。

⑧ 谢高地、张镱锂、鲁春霞：《中国自然草地生态系统服务价值》，《自然资源学报》2001 年第 1 期。

⑨ 许英勤、吴世新、刘朝霞：《塔里木河下游垦区绿洲生态系统服务的价值》，《干旱地区地理》2003 年第 3 期。

⑩ 何文清、陈源泉、高旺盛：《农牧交错带风蚀沙化区农业生态系统服务功能的经济价值评估》，《生态学杂志》2004 年第 3 期。

有闵庆文等（2004）①、赵同谦等（2004）②、刘兴元等（2011，2012）③、陈春阳等（2012）④、方瑜等（2011）⑤。总体来看，2004年以来，研究的区域范围逐渐从西北的青藏高原、内蒙古、新疆草原逐步拓展到陕西、甘肃、宁夏、三江源地区、海河流域以及东北三省的草原生态系统。

对农田资源生态功能与价值评估的研究2003年以前较少，张壬午等（1998）、赵荣钦等（2003）的研究具有代表性。2004年以来，关于农田生态系统方面的研究逐渐增加，如车裕斌（2004）⑥、李加林等（2005）⑦、杨志新等（2005）⑧、谢高地等（2005，2013）⑨、王瑞雪等（2006）⑩、岳东霞等（2011）⑪、张微微等（2012）⑫、石福习

---

① 闵庆文、谢高地、胡聃：《青海草地生态系统服务功能的价值评估》，《资源科学》2004年第3期。

② 赵同谦、欧阳志云、贾良清：《中国草地生态系统服务功能间接价值评价》，《生态学报》2004年第6期。

③ 刘兴元、龙瑞军、尚占环：《草地生态系统服务功能及其价值评估方法研究》，《草业学报》2011年第1期；刘兴元、牟月亭：《草地生态系统服务功能及其价值评估研究进展》，《草业学报》2012年第6期；刘兴元、冯琦胜：《藏北高寒草地生态系统服务价值评估》，《环境科学学报》2012年第12期。

④ 陈春阳、陶泽兴、王焕炯、戴君虎：《三江源地区草地生态系统服务价值评估》，《地理科学进展》2012年第7期。

⑤ 方瑜、欧阳志云、肖燚、郑华、徐卫华、白杨、江波：《海河流域草地生态系统服务功能及其价值评估》，《自然资源学报》2011年第10期。

⑥ 车裕斌：《论耕地资源的生态价值及其实现》，《生态经济》2004年第1期。

⑦ 李加林、童亿勤、杨晓平：《杭州湾南岸农业生态系统土壤保持功能及其生态经济价值评估》，《水土保持研究》2005年第4期。

⑧ 杨志新、郑大玮、文化：《北京郊区农田生态系统服务功能价值的评估研究》，《自然资源学报》2005年第4期。

⑨ 谢高地、肖玉、甄霖：《我国粮食生产的生态服务价值研究》，《中国生态农业学报》2005年第3期；谢高地、肖玉：《农田生态系统服务及其价值的研究进展》，《中国生态农业学报》2013年第6期。

⑩ 王瑞雪、颜廷武：《条件价值评估法本土化改进及其验证——来自武汉的实证研究》，《自然资源学报》2006年第6期。

⑪ 岳东霞、杜军、巩杰、降同昌、张佳静、郭建军、熊友才：《民勤绿洲农田生态系统服务价值变化及其影响因子的回归分析》，《生态学报》2011年第9期。

⑫ 张微微、李晶、刘焱序：《关中—天水经济区农田生态系统服务价值评价》，《干旱地区农业研究》2012年第2期。

等（2013）①、肖玉等（2011）②。从内容看，2004 年以来，该领域的研究集中在农田生态功能及其服务价值、农田生态服务价值的影响因素和影响因子分析、农田生态服务价值评估方法研究等方面。

对湿地资源生态功能与价值评估的研究最晚受到关注，2006 年以前，相关研究很少，代表性的研究有严承高（2000）③ 提出了湿地生物多样性的价值评价指标及其评价方法；崔丽娟（2004）④ 比较系统地阐述了湿地生态系统价值评估的理论与方法；徐丛春和韩增林（2003）⑤ 尝试建立海洋生态系统服务价值的估算框架等。2006 年以后，相关研究明显增加，如辛琨等（2006）⑥、陈鹏（2006）⑦、陈能汪等（2008）⑧、张绪良等（2008）⑨、潘怡（2009）⑩、孟范平等（2011）⑪、江波等（2011）⑫。后来者的研究运用更科学、更全面的手段，如多种生态经济学方法、遥感技术和 GIS 技术、能值理论、现场调查和公众调查等对所研究的湿地生态功能与价值进行评估。

---

① 石福习、宋长春、赵成章、张静、史丽丽：《河西走廊山地—绿洲—荒漠复合农田生态系统服务价值变化及其影响因子》，《中国沙漠》2013 年第 5 期。
② 肖玉、谢高地、安凯、刘春兰、陈操操：《华北平原小麦—玉米农田生态系统服务评价》，《中国生态农业学报》2011 年第 2 期。
③ 严承高、张明祥、王建春：《湿地生物多样性价值评价指标及方法研究》，《林业资源管理》2000 年第 1 期。
④ 崔丽娟：《鄱阳湖湿地生态系统功能服务价值评估》，《生态学杂志》2004 年第 4 期。
⑤ 徐丛春、韩增林：《海洋生态系统服务价值的估算框架构筑》，《生态经济》2003 年第 10 期。
⑥ 辛琨、谭凤仪、黄玉山、孙娟、蓝崇钰：《香港米埔湿地生态功能价值估算》，《生态学报》2006 年第 6 期。
⑦ 陈鹏：《厦门湿地生态系统服务功能价值评估》，《湿地科学》2006 年第 2 期。
⑧ 陈能汪、洪华生、张珞平：《九龙江流域大气氮湿沉降研究》，《环境科学》2008 年第 1 期。
⑨ 张绪良、叶思源、印萍、谷东起：《莱州湾南岸滨海湿地的生态系统服务价值及变化》，《生态学杂志》2008 年第 12 期。
⑩ 潘怡：《南麂列岛海域生态系统服务及价值评估研究》，《海洋环境科学》2009 年第 2 期。
⑪ 孟范平、李睿倩：《基于能值分析的滨海湿地生态系统服务价值定量化研究进展》，《长江流域资源与环境》2011 年第 8 期。
⑫ 江波、欧阳志云、苗鸿、郑华、白杨、庄长伟、方瑜：《海河流域湿地生态系统服务功能价值评价》，《生态学报》2011 年第 8 期。

2. 生态功能指标

农业生态系统的价值是由其功能决定的，因此要研究农业生态系统具有何种价值，应当要确定其功能。近年来的研究关于农业生态功能的指标体系也在不断完善。赵荣钦等（2003）[①] 的研究将农田生态系统的功能分为提供农产品和轻工业原料来源、碳汇功能、维持区域生态平衡、改良土壤、提供自然环境的美学、社会文化科学、教育、精神和文化的价值等方面；杨志新等（2005）[②] 则将农田生态系统服务分为产品服务、大气调节、环境净化、消纳废弃物、净化污水、保持土壤肥力、积累有机质、维持养分循环、保持土壤、涵养水源及其观光游憩。赵军和杨凯（2007）[③] 曾指出，当时对生态系统价值评估集中在间接经济价值，探讨了土壤保持、二氧化碳固定和氧气释放、污染物降解、水源涵养等主要功能，但气候调节、干扰调节、营养循环、栖息地与生物多样性维持等功能较少受到关注和评价，生态系统的产品生产、景观娱乐、文化教育等直接经济价值功能考虑很少，对非使用价值则少有涉及。而 5 年之后，孟素洁等（2012）[④] 建立的都市型现代农业生态服务价值检测评价指标体系，包括直接经济价值（农林牧渔业总产值、供水价值）、间接经济价值（文化旅游服务价值、水电蓄能价值、景观增值价值）、生态与环境价值（气候调节价值、水源涵养价值、环境净化价值、生物多样性价值、防护与减灾价值、土壤保持价值、土壤形成价值），反映出相关研究构建的农业生态服务功能的指标体系正在日益完善。

---

① 赵荣钦、黄爱民、秦明周、杨浩：《农田生态系统服务功能及其评价方法研究》，《农业系统科学与综合研究》2003 年第 4 期。
② 杨志新、郑大玮、文化：《北京郊区农田生态系统服务功能价值的评估研究》，《自然资源学报》2005 年第 4 期。
③ 赵军、杨凯：《生态系统服务价值评估研究进展》，《生态学报》2007 年第 1 期。
④ 孟素洁、郭航、战冬娟：《北京都市型现代农业生态服务价值监测报告》，《数据》2012 年第 4 期。

此外，国外的研究 Zhang 等（2007）①、Swinton 等（2007）② 都指出，关于农业生态系统服务价值的研究不仅应关注正的服务（Eco-system service，ES），也应当关注其负的生态服务（Ecosystem dis-service，EDS）。国内学者的研究已经开始关注此类问题，如车裕斌（2004）③、张长（2012）④ 等。

3. 区域范围

国外学者以 Costanza 等（1997）为代表的农业生态系统服务价值的研究，以全球范围、全国范围的农业生态区域为主。国内早期的相关研究也是以全国范围的研究为主。如欧阳志云等（1999）⑤ 研究了中国陆地生态系统服务功能及其生态经济价值，谢高地等（2001）⑥ 研究了中国自然草地生态系统服务价值。之后，更多的研究则聚集于某一个地区，如许英勤等（2003）⑦、阎水玉等（2005）⑧ 的研究虽然也借鉴了 Costanza（1997）的研究方法和数据，但研究区域范围已相对聚焦到了新疆塔里木河流域和长江三角洲。近年来的相关研究也大多以国内某一个具体区域为主，并且与相应的生态补偿机制相联系，

① Zhang, W., Ricketts, T. H., Kremen, C. et al., "Ecosystem services and dis – services to agriculture", *Ecological Economics*, Vol. 64, No. 2, 2007, pp. 253 – 260.

② Swinton, S. M., Lupi, F., Robertson, G. P. et al., "Ecosystem services and agriculture: Cultivating agricultural ecosystems for diverse benefit", *Ecological Economics*, Vol. 64, No. 2, 2007, pp. 245 – 252.

③ 车裕斌：《论耕地资源的生态价值及其实现》，《生态经济》2004 年第 1 期。

④ 张长：《福州城郊农田生态服务价值评估及其调控研究——以闽侯县为例》，硕士学位论文，福建师范大学，2012 年。

⑤ 欧阳志云、王如松、赵景柱：《生态系统服务功能及其生态经济价值评价》，《应用生态学报》1999 年第 5 期。

⑥ 谢高地、张镱锂、鲁春霞：《中国自然草地生态系统服务价值》，《自然资源学报》2001 年第 1 期。

⑦ 许英勤、吴世新、刘朝霞：《塔里木河下游垦区绿洲生态系统服务的价值》，《干旱地区地理》2003 年第 3 期。

⑧ 阎水玉、杨培峰、王祥荣：《长江三角洲生态系统服务价值的测度与分析》，《中国人口·资源与环境》2005 年第 1 期。

如胡兵辉等（2008）[1]、张锦华和吴方卫（2008）[2]、张丹等（2009）[3]、田苗（2013）[4]、秦静等（2012）[5]、孟素洁等（2012）[6]、林红（2013）[7] 等分别以陕西省、上海市、湖北省、贵州省从江县、天津市、北京市、黑龙江省为基点，对该区域农业生态功能与价值及其相应的生态补偿机制问题展开了研究。

（二）农业生态功能与价值的评价方法

农业生态功能与价值评估体系涉及生态环境科学、农业科学、生物科学、化学、经济学、统计学、社会学等多个学科和领域，是一个复杂的系统工程。近20年来，国内外学者们前赴后继的研究已经使评估工具与方法日趋简化，一些难度较大的指标逐步形成了固定的公式与方法，首先，通过技术经济分析方法对四大农业资源系统的多种生态功能进行测算，其次，再将功能进行价值转化，使评估方法最终归结于经济学的分析方法。从目前掌握的文献看，生态功能的价值转化方法主要有生产函数法、避免成本法、享受价格法、替代/回复成本法、旅行成本法、机会成本法、替代成本法、影子价格法等。

谢高地等（2003）[8] 针对 Costanza 等研究的不足（如某些数据存在着较大偏差），在参考其可靠的部分成果的同时，基于对我国200

---

① 胡兵辉、刘燕、廖允成：《陕西省农业和农村生态环境补偿机制研究》，《干旱区资源与环境》2008 年第 3 期。

② 张锦华、吴方卫：《现代都市农业的生态服务功能及其价值分析——以上海为例》，《生态经济》（学术版）2008 年第 1 期。

③ 张丹、刘某承、闵庆文、成升魁、孙业红、焦雯：《稻鱼共生系统生态服务功能价值比较——以浙江省青田县和贵州省从江县为例》，《中国人口·资源与环境》2009 年第 6 期。

④ 田苗：《湖北省农田生态系统服务价值测算初探》，《湖北农业科学》2013 年第 8 期。

⑤ 秦静、李瑾、孙国兴：《都市型现代农业生态服务功能开发及对策研究——以天津市为例》，《安徽农业科学》2012 年第 32 期。

⑥ 孟素洁、郭航、战冬娟：《北京都市型现代农业生态服务价值监测报告》，《数据》2012 年第 4 期。

⑦ 林红：《黑龙江省农业生态补偿机制的创新与融合研究》，《生产力研究》2013 年第 7 期。

⑧ 谢高地、鲁春霞、冷允法、郑度、李双成：《青藏高原生态资产的价值评估》，《自然资源学报》2003 年第 2 期。

位生态学者的问卷调查，制定出我国生态系统生态服务价值的当量因子表，将上述分析过程简化，成为了国内很多相关研究主要测算工具。9 年之后，徐丽芬等（2012）① 的研究对谢高地等的当量因子分析方法进行修正，试图探索一套精度较高的基于当量的生态系统服务功能评价方法，进而应用于大、中区域范围多时间序列的评价。

（三）关于对生态补偿机制的核心问题——补偿标准的研究

就本书的研究主题而言，前面关于农业资源生态功能和价值的研究是重要的基础，下面所阐述的，则是课题的主题农业生态补偿机制及其核心问题补偿标准的研究。

陈海军和陈刚（2013）② 将近十年来国内期刊关于农业生态补偿的研究归纳为五个主要方面：以农业生态补偿机制为中心的探讨、关于农业生态补偿的制度讨论、农业生态补偿的立法研究、对国外经验的借鉴，以及补偿的核心问题——补偿标准等。

关于补偿标准的研究，又可以从生态服务价值和碳交易两个角度进行总结与评述。

1. 从生态服务价值角度的研究

陈源泉等（2006，2007）③ 的研究指出，生态服务功能价值评估主要是针对生态保护或环境友好型的生产经营方式所产生的气体调节、气候调节、水土保持、水源涵养、生物多样性保护、景观美化等生态服务功能价值进行综合评估与核算，这是国外主要的生态补偿标准评价方法。王风等（2011）④ 以洱海流域环境友好型肥料应用的田间试验为案例，通过作物产量、肥料成本、纯收入等因素的分析，核

---

① 徐丽芬、许学工、罗涛：《基于土地利用的生态系统服务价值当量修订方法——以渤海湾沿岸为例》，《地理研究》2012 年第 10 期。

② 陈海军、陈刚：《近十年来国内关于农业生态补偿研究综述》，《安徽农业科学》2013 年第 5 期。

③ 陈源泉、董孝斌、高旺盛：《黄土高原农业生态补偿的探讨》，《农业系统科学与综合研究》2006 年第 2 期；陈源泉、高旺盛：《基于生态经济学理论与方法的生态补偿量化研究》，《系统工程理论与实践》2007 年第 4 期；陈源泉、高旺盛：《农业生态补偿的原理与决策模型初探》，《中国农学通报》2007 年第 10 期。

④ 王风、高尚宾、杜会英、倪喜云、杨怀钦：《农业生态补偿标准核算——以洱海流域环境友好型肥料应用为例》，《农业环境与发展》2011 年第 4 期。

算出洱海流域稻田缓释 BB 肥料（散装掺混肥料）应用的最低农业生态补偿标准为 450 元/公顷。此外邹昭晞（2010）[①] 等的研究也都提出农业提供了生态服务功能和价值，应当作为生态补偿标准的主要依据。

在这一角度进行的研究中，结论一致显示各地的农业生态与环境价值远大于直接经济价值。农业生态环境价值与直接经济价值的巨大差额，可能远远超过补偿者支付意愿，因此，相关研究又提出了支付意愿的思路。

从支付意愿角度研究的又有两种思路，一是运用 Davis（1963）[②] 提出的条件价值评估法（CVM），对利益相关者的态度进行较科学的测度，作为补偿标准的一个重要参考；二是在前面对农业生态功能价值测算基础上用"发展阶段系数"进行调整。

牛晓莉和蔡银莺（2011）[③] 以武汉居民为例从消费者角度，分析了居民对环境友好农田生态环境的补偿意愿与化肥农药施用的限制标准，发现它们之间呈正相关关系，补偿额度在 3000—8000 元/公顷；张艳和刘新平（2011）[④] 运用 CVM 法对艾比湖流域博州地区的农地资源生态价值进行了评估，发现 2008 年博州地区兵团农户对农地资源的生态价值折合成农地的价值为 1862.53 元/公顷，地方农户对农地资源的生态价值折合成农地的价值为 5506.69 元/公顷；崔新蕾和张安录（2011）[⑤] 以武汉市农户的调查为实证，在农户对化肥农药施用减少 50%、100% 等不同的限制标准下，认为政府应向农户补偿 3928.88—8367.00 元/公顷，同时基于农业面源污染防治，针对"不

① 邹昭晞：《北京农业生态服务价值与生态补偿机制研究》，《北京社会科学》2010 年第 3 期。

② Davis, R. K., "Recreation planning as an economic problem", *Natural Resources Journal*, No. 3, 1963, pp. 239–249.

③ 牛晓莉、蔡银莺：《城镇居民对农田生态环境与农产品的需求及补偿意愿——基于消费视角的分析》，《农业环境与发展》2011 年第 5 期。

④ 张艳、刘新平：《基于 CVM 法的艾比湖流域农地生态价值评价——以博尔塔拉蒙古自治州为例》，《新疆农业科学》2011 年第 5 期。

⑤ 崔新蕾、张安录：《选择价值在农地城市流转决策中的应用——以武汉市为例》，《资源科学》2011 年第 4 期。

施化肥""不使用农药"和"不施化肥和农药"的行为，武汉农户
（保护者）每年的农田生态补偿金额（受偿意愿）分别为 1.727×109
元、1.689×109 元和 2.009×109 元，市民（受益者）每年的农田生
态补偿金额（支付意愿）分别为 1.435×109 元、1.436×109 元和
2.179×109 元，市民对农田生态环境保护的补偿意愿为 3351.53—
7277.25 元/公顷，农户的受偿意愿为 3866.55—7624.43 元/公顷，据
此认为，协调好不同行为主体的相关利益和确定政府在补偿中的地位
是确定农田生态补偿标准的关键。

运用条件价值法测算支付意愿从利益获益者与受损者进行全面的
测度，通常与支付者的个人特征（例如，性别、文化程度、家庭人口
数量及家庭收入等）有关。但是，条件价值法本身也存在诸多问题，
其中最主要的是"问卷内容依赖性问题"使它的有效性广受质疑。

从支付意愿角度研究的另一个思路是在前面对农业生态功能价值
测算基础上用"发展阶段系数"进行调整。发展阶段系数通过皮尔
（Pearl）生长曲线和恩格尔系数求取。例如，秦静等（2012）[①] 运用
2010 年测算天津农业生态价值理论值总计为 732.193 亿元，2010 年
天津城镇恩格尔系数为 35.9%，2010 年天津农村恩格尔系数为 39%，
综合恩格尔系数为 37.45%，由此计算得出 2010 年天津社会发展阶段
系数为 0.42。进一步计算得出，2010 年天津农业生态总价值的现实
值为 307.52 亿元。与条件价值评估法相比较，发展阶段系数方法主
要依据是地区的恩格尔系数，计算结果不会出现较大偏差，但是，由
于它仅考虑收入水平，难以体现影响支付者意愿的多种因素。

2. 从碳交易角度的研究

随着全球环境保护、可持续发展的深入，低碳发展已成为国际发
展的潮流。为了减少二氧化碳排放，1997 年《京都议定书》提出了
碳交易，随后许多发达国家都积极参与到碳交易的合作中，芝加哥气
候交易所、欧盟排放贸易体系（EUETS）、美国区域温室气体减排计

---

① 秦静、李瑾、孙国兴：《都市型现代农业生态服务功能开发及对策研究——以天津
市为例》，《安徽农业科学》2012 年第 32 期。

划等纷纷建立。碳交易是将碳排放空间作为一种稀缺资源，碳吸收能力作为一种收益手段，利用区域间碳排放和碳吸收量的差异，通过交换形式，形成合理的交易价格，使生态服务从无偿走向有偿。改革开放以来，我国不断加强生态环境保护，也不断重视生态补偿理论研究和实践探讨，并积极推动碳交易研究与实践，碳交易市场发展迅速，碳交易成为生态服务货币化交易的重要措施。

　　将碳交易的思路运用于农业生态补偿机制及其补偿标准研究具有代表性的是彭文英等 2016 年发表的论文[①]，该研究从碳平衡角度探讨城市和乡村之间的生态关系，建立碳平衡的生态补偿计算方法，并以北京市为例，计算了 2005—2012 年城市和乡村的碳排放、碳吸收，说明了乡村地区林地、草地、农田三大资源碳吸收的生态贡献，提出了城乡生态补偿长效机制构建思路。研究指出：北京城市地区为碳源，碳赤字巨大；乡村地区为碳汇，平均每年净碳吸收量达 133.6×10^4 吨；按照单位碳价格 100 元/吨计算，乡村地区每年应获得补偿 1.336 亿元。

　　3. 从生态服务价值角度与碳交易角度研究的比较

　　（1）相同点

　　①都是以农业四大生态资源为基础，分别测算其生态功能。

　　②都是将农业资源的生态功能换算为货币价值，作为生态补偿标准的依据。

　　③都界定不同的区域范围进行测算。

　　④都提出生态补偿途径包括市场和政府两只手。

　　⑤都涉及生态价值的提供者与支付者意愿的博弈。

　　（2）不同点

　　①从生态服务价值角度的研究所涵盖的农业生态功能的范围包括调节大气成分、水源涵养、环境净化、维持营养物质、土壤保持、生

---

　　①　彭文英、马思瀛、张丽亚、戴劲：《基于碳平衡的城乡生态补偿长效机制研究——以北京市为例》，《生态经济》2016 年第 9 期。该研究特别说明，在农业四大生态资源——林地、草地、农田、湿地中，湿地（河流）对二氧化碳的吸收和排放量大致相等，因而，不计算湿地的生态贡献。

物多样性保护等多种功能，远远大于从碳交易角度所研究的生态功能。因而，从生态服务价值角度的研究能够避免补偿的不全面问题。例如，从碳交易角度的研究认为湿地（河流）碳排放和碳吸收大致相同，因而，不计算湿地的生态贡献，也就不会对湿地进行生态补偿；而从生态服务价值角度的研究结果表明，湿地具有多种生态功能，其生态价值巨大，特别需要研究对湿地的生态补偿问题。

②从碳交易角度的研究提出农业资源本身的碳排放问题，进而提出低碳农业的概念；而从生态服务价值角度的研究更多地注重农业资源对生态的正面效应，较少研究农业资源本身对生态可能造成的负面影响。事实上，农业资源本身的确会对生态环境产生负面影响，例如农田产生的秸秆露天焚烧会带来大气污染与土壤破坏问题；又如，化肥农药的投入在增加作物产量的同时，带来了诸如空气污染、水体富营养化等问题。因而，从生态服务价值角度的研究有必要借鉴从碳交易角度研究的这一优点，对农业生态补偿也应该体现农业资源内部自我修复水平不同的补偿标准的差距。

综上所述，比较两种关于生态补偿标准研究角度的异同与优劣，兼顾二者优势，采用从生态服务价值角度研究的多种功能，同时从碳交易角度出发研究所涉及的农业资源本身对生态可能造成的负面影响，是本书研究的明智选择。

三 对现有研究的评述

（一）现有研究的启示

浏览总结前人的研究成果，给本书的研究提供以下启示：

1. 农业的生态功能和价值评估体系的范围日益明晰和健全

相关研究对农业生态系统的范围从森林资源逐步延伸到农田、草地和内陆淡水系统资源；指标体系也逐步涵盖农业的直接经济价值（农林牧渔业的产品价值及各种支持型服务活动的价值、湿地生态系统特有的供水价值）、间接经济价值（农业生态系统特有的生态优势在传统农业以外给人类所带来的、在现实经济生活中实现的经济效益）、生态与环境价值（农业生态系统为改善人类的生存条件和生活环境带来的、没有在现实经济价值中实现的效益）；研究区域范围既可以是大尺度的全球、全国范围，也可以是中小尺度的一个省市、一个地区。

2. 农业生态功能与价值评估工具与方法日臻完善

如前所述，农业生态功能与价值评估的基本思路是首先通过技术经济分析方法对四大农业资源系统的多种生态功能进行测算，然后再将功能进行价值转化，使评估方法最终归结于经济学的分析方法。这一基本思路为本书的研究奠定了重要的基础。

3. 对农业生态价值生态补偿标准的研究思路逐步清楚

虽然前人对农业生态价值补偿标准的测算方法各异，结果也很不一致，但是，对农业生态价值生态补偿标准的研究思路正在逐步清晰：一是补偿标准要以农业的生态价值为基础；二是补偿标准要考虑支付者的意愿。

（二）现有研究的不足

然而，现有的相关研究仍存在一些不足之处，为本书的研究提供了较大的延展空间。

1. 对农业生态补偿的基本概念界定不明晰

从一般语义上讲，农业生态补偿可以产生两种解读：一是"对农业生态的补偿"，将农业生态补偿界定为对农业生态系统的补偿；二是"对农业的生态补偿"，指农业为改善人类的生存条件和生活环境带来了没有在现实经济价值中实现的效益，因而应对其进行补偿。两种含义之间存在明显的差异。因而，研究"农业生态补偿标准"无论在理论上还是在实践中都存在混乱和歧义。事实上，对于农业生态功能与价值的研究中存在两种概念的混杂，将农业生态系统的价值（如生物物种的多样性等）与农业带来的生态环境价值混同在一起。农业生态补偿两种含义的混杂本身就是本书研究的难点之一，需要对农业生态补偿的本质内涵进行深层次的探讨。

2. 对农业的生态补偿的基本问题定位不清

研究农业生态补偿标准的确定原理，首先要明确"为什么要补偿""对谁补偿""补偿什么""补偿标准应该是什么"等基本问题，而现有相关研究并没有明确这些问题。

第一，"为什么补偿"，涉及上一个问题——关于农业补偿两种概念的界定，对农业生态系统的补偿与对农业带来的生态价值的补偿是两个不相同的角度。

第二，"对谁补偿"，现有的研究大多认为，农民（或农业）提供了生态价值，这些价值没有在现实经济价值中实现，因而对农业生态补偿的对象应该是农民（或农业）。这样界定补偿对象定位不清。实践中各地方政府对农业的生态补偿是具体落实到"管理（或种植）一亩地树林补偿多少"，而不是本地区"每个农民补偿多少"，反映出理论研究与实践需要的脱节。

第三，"补偿什么"，现有的研究大多认为，农民（或农业）提供了生态价值，这些价值没有在现实经济价值中实现，因而补偿的内容应该是农民（或农业）提供的生态价值。但是，农业的生态价值是由众多生态功能价值化而形成，同一生态功能又可能由多种农业资源提供，因而这样界定生态补偿内容同样也存在定位不清问题。

第四，"补偿标准应该是什么"，现有的研究大多认为，补偿标准是在农业提供的生态价值的基础上加以支付者意愿的调整。如前所述，这一思路的方向是值得肯定的，但由于前一个问题"补偿什么"没有定位清楚，加之研究支付者意愿的方法存在诸多弊端，所以这一问题不可能得到明晰的解答。

3. 研究方法和工具的合理性、可靠性有待完善

如前所述，不论是条件价值评估法，还是发展阶段系数法，研究支付者意愿的方法存在诸多弊端，影响研究结果的科学性，亟待寻找更为科学合理的分析工具。

此外，农业生态功能与价值测算的技术方法虽然日益成熟，但仍然有完善的空间。特别是对同一变量的数据测算采用不同的方法，需要进一步进行比较和优选。

综上所述，理论与实践都期待对农业生态补偿标准的确定原理和方法进行深入研究。本书将站在前人积累的对农业生态功能和价值研究丰富成果的基础上，着重研究农业的生态补偿标准的确定原理和方法，力求在理论上有所突破，并对实际工作部门决策提供可信服的参

考依据。

第四节 研究思路与框架

本书构建如图 1 - 1 所示的研究框架，并设计 1 个主课题和 3 个子课题共 4 个研究模块展开研究。

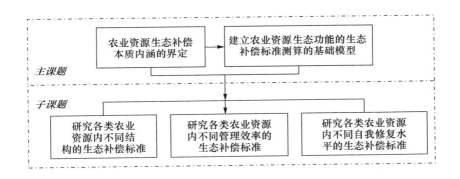

图 1 - 1 本书的研究框架

一 主课题研究

（一）主课题研究之一：对农业资源生态补偿本质内涵的界定

对农业资源生态补偿本质内涵的界定是本书建立分析模型研究的前提。只有明确回答了农业生态补偿"为什么要补偿""对谁补偿""补偿什么""补偿标准应该是什么"等基本问题，才能将农业资源生态补偿的本质内涵准确地界定下来，也才能为本书建立农业资源生态功能的生态补偿标准测算的基础模型奠定前提条件。

（二）主课题研究之二：建立农业资源生态功能的生态补偿标准测算的基础模型

建立农业资源生态功能的生态补偿标准测算的基础模型是本书研究的核心问题。在进一步明确了对农业资源生态补偿的本质内涵的基础之上，求解影子价格的成熟方法——线性规划方法就可以用来作为构建本书分析模型的主要思路。

二 子课题研究

以上述基础模型原理和方法为基础，进一步研究不同条件下的农业生态补偿标准及其相关问题，构成本书的三大子课题，如表 1 - 1 所示。

表 1 - 1　　　　　三大子课题——不同条件下的农业
生态补偿标准研究的主要内容

不同的条件	农业资源划定范围	不同条件的具体分类	研究目的
各类农业资源内不同的结构	具体到某一类资源，如森林	同一类资源的细分类型	同一类农业资源内部不同结构的不同生态补偿标准
各类农业资源内不同的管理效率	具体到某一类资源，如森林	同一类资源管理效率的不同类型	同一类农业资源内部不同管理效率的不同生态补偿标准
各类农业资源内不同的自我修复水平	具体到某一类资源，如农田	同一类资源自我修复水平的不同类型	同一类农业资源内部不同自我修复水平的不同生态补偿标准（或处罚标准）

（一）子课题之一：研究各类农业资源内不同结构的生态补偿标准

同一类农业资源内不同的结构资源的生态功能存在较大差异。例如，森林可分为防护林、用材林、经济林、薪炭林、特殊用途林；其中每一类又可细分，如防护林有森林、林木和灌木丛之分，这些不同类型的树林单位面积的释氧量、固碳量、降低 PM2.5 等生态功能是有差异的，因而也应该体现出不同的补偿标准，以利于地区合理规划农业资源的结构安排。

（二）子课题之二：研究各类农业资源内不同管理效率的生态补偿标准

笔者 2010 年提出进一步完善北京市 2004 年开始实施的山区生态林补偿办法的政策建议，其中包括："生态保护效率与生态补偿费用还没有挂起钩来，还只是将山区生态林补偿资金按生态林面积进行平均发放，并没有对生态林保护的效果做出要求，在实施中，容易出现'大锅饭'现象"。因此，生态补偿还应体现出农民管理农业资源效率的差异，这才有利于提高实施生态补偿的效果，改进对农业资源的管理水平。

（三）子课题之三：研究各类农业资源内不同自我修复水平的生态补偿标准

农业内部本身也会对生态环境产生负面影响，例如，农田产生的秸秆露天焚烧会带来大气污染与土壤破坏问题；化肥农药的投入在增加作物产量的同时，也带来了诸如空气污染、水体富营养化等问题。因而，对农业生态补偿也应该体现农业资源内部自我修复水平不同补偿标准的差距。

第二章 农业资源生态补偿本质内涵与生态补偿标准测算基础模型研究

第一节 对农业资源生态补偿本质内涵的界定

对农业资源生态补偿本质内涵的界定是本书建立分析模型研究的前提。只有明确回答了农业生态补偿"为什么要补偿""对谁补偿""补偿什么""补偿标准应该是什么"等基本问题，才能将农业资源生态补偿的本质内涵准确地界定下来，也才能够为本书建立农业资源生态功能的生态补偿标准测算的基础模型奠定基础。

图 2-1 显示了本书对农业资源生态补偿本质内涵界定的逻辑过程。

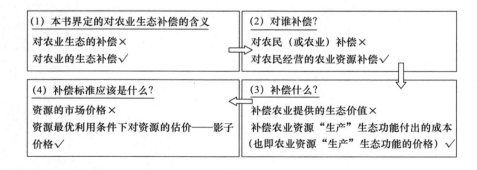

图 2-1 对农业资源生态补偿本质内涵界定的逻辑过程

一　本书界定的对农业生态补偿的含义

对农业生态补偿有两类含义：一类是"对农业生态的补偿"，即将农业生态补偿界定为对农业生态系统的补偿；另一类是"对农业的生态补偿"，指农业为改善人类的生存条件和生活环境带来了没有在现实经济价值中实现的效益，因而应对其进行补偿。本书对农业生态补偿界定为后者，即对农业的生态补偿。

二　对谁补偿

现有的研究大多认为，农民（或农业）提供了生态价值，这些价值没有在现实经济价值中实现，因而对农业生态补偿的对象应该是农民（或农业）。这样界定补偿对象定位不清。农民（或农业）是通过经营农业的四大资源（森林、农田、草地、湿地）提供生态功能，应该以每一项具体资源为基点，对其进行补偿。实践中各地方政府对农业的生态补偿也是具体落实到"管理（或种植）一亩地树林补偿多少"，而不是本地区"每个农民补偿多少"。

三　补偿什么

现有的研究大多认为，农民（或农业）提供了生态价值，这些价值没有在现实经济价值中实现，因而补偿的内容应该是农民（或农业）提供的生态价值。但是，农业的生态价值是由众多生态功能价值化而形成，同一生态功能又可能由多种农业资源提供，因而这样界定生态补偿内容同样也存在定位不清问题。本书认为，对农业的生态补偿应当补偿农业资源"生产"生态功能所付出的成本，也即农业资源"生产"生态功能的价格。这也更符合"补偿"的概念。

四　补偿标准应该是什么

农业资源的生态补偿标准（"生产"生态功能的价格）应该是在资源最优利用条件下对资源的估价，这种估价不是资源的市场价格，而是根据资源在"生产"中做出的贡献做出的估价。因此应该采用"影子价格"，它反映了在最优经济结构中资源得到最优配置前提下，资源的边际使用价格。

综上所述，对农业的生态补偿，本书界定为"对农业资源在'生产'生态功能时所付出的成本进行补偿，补偿标准应该是资源得到最优配置前提下，资源的边际使用价格，即农业资源'生产'生态功能的影子价格"。

第二节　建立农业资源生态功能的生态补偿标准测算的基础模型

建立农业资源生态功能的生态补偿标准测算的基础模型是本书研究的核心问题。在进一步明确了对农业资源生态补偿本质内涵的基础之上，求解影子价格的成熟方法——线性规划方法就可以用来作为构建本书分析模型的主要思路。

将农业四大资源与其"生产"的生态功能做一个投入产出矩阵，加上资源拥有量列向量和生态功能价格（即各生态价值）行向量（见表 2 – 1），成就了一个规范的线性规划问题，其对偶问题的解即为农业四大资源"生产"生态功能的影子价格，见图 2 – 2。

表 2 – 1　农业四大资源与其"生产"的生态功能的投入产出矩阵

	生态功能 x_1（释氧量）	生态功能 x_2（固碳量）	…	生态功能 x_n（涵蓄降水量）	资源拥有量
农业资源 1（森林）y_1	a_{11}	a_{12}	…	a_{1n}	b_1
农业资源 2（农田）y_2	a_{21}	a_{22}	…	a_{2n}	b_2
农业资源 3（草地）y_3	a_{31}	a_{32}	…	a_{3n}	b_3
农业资源 4（湿地）y_4	a_{41}	a_{42}	…	a_{4n}	b_4
生态功能价格（生态价值）	P_1（工业制氧成本）	p_2（固碳造林成本）	…	P_n（单位库容造价）	

这一工具的运用可以将前人们关于生态补偿标准测算的思路统一在一个模型之中。

（1）按照这一思路计算出来的农业资源"生产"生态功能的影子价格（即对各农业资源的生态补偿标准）与农业资源的生态功能和

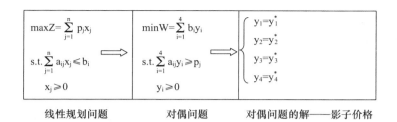

$$\text{线性规划问题} \qquad \text{对偶问题} \qquad \text{对偶问题的解——影子价格}$$

图 2 - 2　线性规划问题、对偶问题、影子价格的关系

注：为了后面表述方便，这里 y_i 既表示四大农业资源变量，又表示四大资源的价格；x_j 既表示生态功能变量，又表示生态功能的量值。

价值测算成为一个问题的两个方面，二者紧密地联系在一起，实现了前人们研究中"补偿标准要以农业的生态价值为基础"的要求。

①前面文献综述所提到的"首先通过技术经济分析方法对四大农业资源系统的多种生态功能进行测算"，可以得到表 2 - 1 中 a_{ij} 的数值，a_{ij} 表示"生产"单位第 j 种生态功能需要第 i 种农业资源的数量。

②前面文献综述所提到的"再将功能进行价值转化（即计算生态功能的价格）"，可以得到表 2 - 1 中 p_j 的数值。

③表 2 - 1 中 b_i 的数据是各地区四大农业资源的拥有量，在测算地区农业资源生态功能和总价值中也是必不可少的。

（2）按照这一思路计算出来的农业资源"生产"生态功能的影子价格（对各农业资源的生态补偿标准）是在资源得到最优配置前提下，资源的边际使用价格，它不仅要体现前人研究中"补偿标准要考虑支付者的意愿"的要求，还应该体现更多的影响补偿标准的非市场因素。

在此基础上，可以运用线性规划与影子价格的相关理论，对地区农业资源的生态功能进行进一步研究，如根据最优解中各种农业资源的终值大小判断其稀缺程度，确定各种农业资源合理的比例结构，以及进行敏感性分析等。

值得注意的是，依据这一思路建立的模型的研究结果只是一个相对的比较概念。因为模型中的 Y_i 的选取是根据研究需要选择的农业资源，并没有囊括能够"生产"各种生态功能的所有要素。因此，研究结果更主要的价值在于所研究的资源的匹配性，即研究所比较的各种资源的稀缺（或冗余）程度。

第三节 运用基础模型进行模拟测算

以下以一个城市（北京市）数据为例，运用上述建立的基础模型做一个模拟测算，对本书前面建立的模型做一个操作性的说明（即运用本书所建立的原理和方法，可以直接将各地区测算的农业四大资源的生态功能和价值对偶地转换为对四大资源生态补偿标准的依据）。

一 北京市四大资源生态功能与价值基础数据测算

依据前人的研究，本书将测算农业资源"生产"的主要生态功能 x_j 设定为六大类：调节大气成分功能、水源涵养功能、环境净化功能、维持营养物质、土壤保持功能、生物多样性保护功能，每大类功能的细分功能指标如表 2-2 所示。

表 2-2　　　　　　　农业资源"生产"的主要生态功能

调节大气成分功能	X_1 释氧量（吨）
	X_2 固碳量（吨）
水源涵养功能	X_3 涵养水源量（吨）
	X_4 净化水质量（吨）
	X_5 去除氮量（吨）
	X_6 去除磷量（吨）
	X_7 洪水调蓄量（吨）
环境净化功能	X_8 吸收二氧化硫量（吨）
	X_9 吸收二氧化氮量（吨）
	X_{10} 吸收氟化氢量（吨）
	X_{11} 吸收滞尘量（吨）
	X_{12} 消解固体废弃物量（吨）

维持营养物质	X_{13}维持有机质量（吨）
	X_{14}维持氮量（吨）
	X_{15}维持磷量（吨）
	X_{16}维持钾量（吨）
土壤保持功能	X_{17}林地避免土地废弃量（公顷）
	X_{18}农田避免土地废弃量（公顷）
	X_{19}草地避免土地废弃量（公顷）
	X_{20}湿地土壤保留量（公顷）
	X_{21}减少泥沙淤积量（立方米）
生物多样性保护功能	X_{22}林地生物多样性保护量
	X_{23}草地生物多样性保护量
	X_{24}湿地生物多样性保护量

以下的工作，首先是要确定表 2 – 1 中的 a_{ij} 与 P_j 的具体数值。

（一）调节大气成分功能与价值

农业资源"生产"的调节大气成分功能主要体现在通过植物光合作用，固定碳素，减少人类大量排放而造成的温室效应，通过农业所种植植物的叶片能制造氧气，达到固碳释氧的目的。

农业资源调节大气成分（固碳释氧）功能与价值测算的基本原理是，通过农业所种植植物的光合作用固定二氧化碳的数量、释放氧氧，得到农业资源固碳释氧的实际数量，然后运用替代成本法来评估其生态价值。

林地、农田、草地、湿地固碳释氧功能一般计算方法如下：根据光合作用和呼吸作用反应式，每生产 1 克植物干物质一般能释放 1.19 克氧气，将 1.19 设定为制氧系数 r_1；而积累 1 克植物干物质，可以固定 1.63 克二氧化碳，在二氧化碳中碳比例为 27.29%。那么，每积累 1 克植物干物质，可以固碳 $1 \times 1.63 \times 27.29\% = 1 \times 0.4448$（克），将 0.4448（$1.63 \times 27.29\%$）设定为固碳系数 r_2。之后的工作就是要分别对单位面积的林地、农田、草地所产生的植物干物质进行测算，再运用制氧系数 r_1 和固碳系数 r_2，具体计算表 2 – 1 中 a_{ij} 的具体数值。

计算农业生态资源释放氧气的价值，王勇和骆世明（2007）采用工业成本法，制造氧气的成本为 400 元/吨[1]。本书也采用 400 元/吨作为释氧功能的价格，即 $P_1 = 400$ 元/吨。

估算固定二氧化碳功能的价值的方法有造林成本法和碳税法估算两种。我国学者王勇和骆世明所采用的造林成本法估算价格是 260.90 元/吨，李国洋等大多数所采用的造林成本法价格是 273.3 元/吨[2]；西方一些国家使用碳税率法，以碳税制限制排放二氧化碳等温室气体，如挪威税率为 227 美元/吨；瑞典税率每吨碳为 150 美元/吨，按当时汇率折算为 1245 元/吨[3]。本书采用瑞典碳税率法（较为常用）和造林成本两种方法计算的平均值，即 $P_2 = (273.3 + 1245)/2 = 759.2$（元/吨）。

1. 林地释氧量与固碳量计算

林地单位面积（公顷）释氧量和固碳量计算公式如下：

$$Q_i = G \times r_i \ (i = 1, 2)$$

式中，Q_1 为单位面积释氧量，Q_2 为单位面积固碳量。G 为森林系统的净生产力（吨/公顷），即森林系统单位面积能够生产多少吨植物干物质。根据周广胜（1966）、刘某承与李文华（2009）等人的研究[4]，林地生态系统 G（即初级净生产力）取针阔混交林地带的 6.3—8.2（吨/公顷）的平均值，为 7.25（吨/公顷）。r_1 为制氧系数，r_2 为固碳系数。

由此得到：

林地单位面积释氧量 = 7.25 × 1.19 = 8.6275（吨/公顷）

林地单位面积固碳量 = 7.25 × 0.4448 = 3.2248（吨/公顷）

a_{11} = 1/林地单位面积释氧量 = 1/8.6275 = 0.1159（公顷/吨）

---

[1] 王勇、骆世明：《农林生态系统的大气调节功能及价值核算方法》，《生态科学》2007 年第 2 期。

[2] 李国洋：《农业生态系统价值及其应用》，博士学位论文，贵州农业大学，2009 年。

[3] 周树林：《草原类型自然保护区自然资本评估》，博士学位论文，北京林业大学，2009 年。

[4] 刘某承、李文华：《基于净初级生产力的中国生态足迹均衡因子测算》，《自然资源学报》2009 年第 9 期。

a_{12} = 1/林地单位面积固碳量 = 1/3. 2248 = 0. 3101（公顷/吨）

2. 农田释氧量与固碳量计算

农田单位面积（公顷）释氧量和固碳量计算公式如下：

$$Q_i = (15 \times 0.4/f) \times r_i (i = 1, 2)$$

式中，Q_1 为单位面积释氧量，Q_2 为单位面积固碳量；15 表示 1 公顷 = 15 亩，0.4 表示每亩地平均生产 0.4 吨农作物（取小麦、水稻、玉米平均产量）；f 表示农作物的经济系数，即 1 单位农作物可以折合多少吨植物干物质，在这里，取 f 为小麦、水稻、玉米的平均经济系数 0.4；r_1 为制氧系数，r_2 为固碳系数。

由此得到：

农田单位面积释氧量 = (15 × 0.4)/0.4 × 1.19 = 17.85（吨/公顷）

农田单位面积固碳量 = (15 × 0.4)/0.4 × 0.4448 = 6.672（吨/公顷）

a_{21} = 1/农田单位面积释氧量 = 1/17.85 = 0.05602（公顷/吨）

a_{22} = 1/农田单位面积固碳量 = 1/6.672 = 0.14988（公顷/吨）

3. 草地释氧量与固碳量计算

草地单位面积（公顷）释氧量和固碳量计算公式如下：

$$Q_i = G \times r_i \quad (i = 1, 2)$$

式中，Q_1 为单位面积释氧量，Q_2 为单位面积固碳量。G 为草地系统的净生产力（吨/公顷），即草地系统单位面积能够生产多少吨植物干物质。以周广胜与张新时[①]对我国草地生态系统研究成果为依据，草地生态系统的净生产力（吨/公顷）为 2.6—4.9（吨/公顷），本书取这两者的中间值 3.8（吨/公顷）。r_1 为制氧系数，r_2 为固碳系数。

由此得到：

草地单位面积释氧量 = 3.8 × 1.19 = 4.522（吨/公顷）

草地单位面积固碳量 = 3.8 × 0.4448 = 1.69024（吨/公顷）

a_{31} = 1/草地单位面积释氧量 = 1/8.6275 = 0.22114（公顷/吨）

---

① 周广胜、张新时：《全球气候变化的中国自然植被的净第一性生产力研究》，《植物生态学报》1996 年第 1 期。

a_{32} = 1/草地单位面积固碳量 = 1/3.2248 = 0.59163(公顷/吨)

4. 湿地释氧量与固碳量计算

湿地单位面积（公顷）释氧量和固碳量计算公式如下：

$$Q_i = G \times r_i \quad (i = 1, 2)$$

式中，Q_1 为单位面积释氧量，Q_2 为单位面积固碳量。G 为湿地系统的净生产力，即湿地系统单位面积能够生产多少吨植物干物质。根据刘某承与李文华的研究，水域生态系统的初级生产力约为森林生态系统的 24.7%，即为 1.79（吨/公顷）。r_1 为制氧系数，r_2 为固碳系数。

由此得到：

湿地单位面积释氧量 = 1.79 × 1.19 = 2.1301(吨/公顷)

湿地单位面积固碳量 = 1.79 × 0.4448 = 0.7962(吨/公顷)

a_{41} = 1/湿地单位面积释氧量 = 1/2.1301 = 0.4695(公顷/吨)

a_{42} = 1/湿地单位面积固碳量 = 1/0.7962 = 1.2560(公顷/吨)

（二）水源涵养功能与价值

涵养水源是农业资源的重要生态功能，其功能有多方面的表现，如调节水量、净化水质量、去除氮（N）量、去除磷（P）量、洪水调蓄能力等。

1. 调节水量功能与价值

目前国内大多学者都采用水库蓄水成本法来评估农业资源水源调节水量功能的价值。根据薛达元（1997）、欧阳志云（1999）、赵同谦（2004）等人的研究，以 1990 年为基期的水库蓄水成本为 0.67 元/立方米。本书将其乘以 1990 年为基期的固定资产投资价格指数 244.49（根据 2010 年《中国统计年鉴》计算），折算成 2009 年现价为 1.63 元/立方米，即 P_3 = 1.63 元/立方米。农业资源水源调节水量功能只涉及林地、农田、草地。

（1）林地调节水量计算

林地单位面积（公顷）调节水量计算公式如下：

$$Q = 1186.3 + 10 \times 0.4P$$

式中，Q 为林地单位面积调节水量（吨或立方米）。1186 立方米/公顷的由来如下：林地土壤相对裸露土壤而言，前者水分丧失较慢，且拦蓄降雨能力强，因而林地土壤蓄水量相对较大；而裸露土壤则相反。根据黄荣珍等（2008）[1] 对森林土壤与地表裸露土壤蓄水能力的对比研究，不同类型林地土壤年平均蓄水量为 3622 立方米/公顷，而裸露土壤年均蓄水能力为 2436 立方米/公顷，相差 1186 立方米/公顷。$10 \times 0.4P$ 是计算林地单位面积的拦蓄降水量，P 为年降水量（毫米），0.4 是指降水量与林分蒸散量之间的差额占降水量的比例，由于林分蒸散量约为年总降水量的 60%，所以降水量与林分蒸散量之间的差额占降水量的比例为 40%。10 是采用周熔基 2011 年研究中所用的系数。

北京市 2015 年平均降水量约 600 毫米，因而 $P = 600$，由此得到：

林地单位面积调节水量 $= 1186.3 + 10 \times 0.4 \times 600 = 3586.3$（吨/公顷）

$a_{13} = 1/$农田单位面积调节水量 $= 1/3586.3 = 0.0002788$（公顷/吨）

（2）农田调节水量计算

农田单位面积（公顷）调节水量计算公式如下：

$$Q = 802.1 + R \times 2000$$

式中，Q 为农田单位面积调节水量（吨或立方米），802.1 吨/公顷是耕地水分保持的均值，采用周熔基 2011 年研究结果[2]；R 为水田所占耕地的比例，2000 吨/公顷是测算水田在大雨和洪水来临时能发挥储存与调节水的功能的均值，也是采用周熔基 2011 年的研究结果。

北京市水田面积占耕地约 10%，因而设 $R = 0.1$，由此得到：

农田单位面积调节水量 $= 802.1 + 0.1 \times 2000 = 1002.1$（吨/公顷）

$a_{23} = 1/$农田单位面积调节水量 $= 1/1002.1 = 0.0009979$（公顷/吨）

（3）草地调节水量计算

---

　　[1]　黄荣珍、岳永杰、李凤、谢锦升、杨玉盛：《不同类型森林水库调水特性研究》，《水土保持学报》2008 年第 1 期。

　　[2]　周熔基：《现代多功能农业的价值及其评估研究——以湖南为例》，博士学位论文，湖南农业大学，2011 年。

草地单位面积（公顷）调节水量计算公式如下：

$$Q = P \times 0.6 \times 2.0767$$

式中，Q 为草地单位面积涵养的水量（吨或立方米）；0.6 为研究区域产流降雨量与降雨总量的比例，采用欧阳志云等 1999 年的研究成果[1]；2.0767 是与裸地相比较，草地截留降水和减少径流的效益系数，采用周熔基 2011 年的研究结果。

北京市 2015 年平均降水量约 600 毫米，因而 $P = 600$，由此得到：

草地单位面积（公顷）调节水量 $= 600 \times 0.6 \times 2.0767 = 747.612$（吨/公顷）

$a_{33} = 1/$农田单位面积（公顷）调节水量 $= 1/747.612 = 0.0013376$（公顷/吨）

2. 净化水质功能与价值

目前，国内大多数学者采用居民用水价格评估农业资源净化水质功能的价值。根据国家统计局统计，2014 年全国 86 个城市居民生活用水价格为 2.6 元/吨，本书即以 2.6 元/吨作为农业资源净化水质功能的价格，即 $P_4 = 2.6$ 元/吨。农业资源净化水质功能与价值只涉及林地、农田和草地。

（1）林地净化水质量计算

林地单位面积净化水质量计算公式如下：

$$Q = 10 \times 0.4P$$

式中，Q 为林地单位面积净化水质的量（吨或立方米），P 为年降水量（毫米），0.4 是指降水量与林分蒸散量之间的差额占降水量的比例，由于林地蒸散量约为年总降水量的 60%，所以降水量与林分蒸散量之间的差额占降水量的比例为 40%。10 是采用周熔基 2011 年研究中所用的系数。

北京市 2015 年平均降水量约 600 毫米，因而 $P = 600$，由此得到：

林地单位面积净化水质量 $= 10 \times 0.4 \times 600 = 2400$（吨/公顷）

---

① 欧阳志云、王效科、苗鸿：《中国陆地生态系统服务功能及其生态经济价值的初步研究》，《生态学报》1999 年第 5 期。

$a_{14} = 1/$农田单位面积调节水量$= 1/2400 = 0.0004167$（公顷/吨）

（2）农田净化水质量计算

综合周熔基（2011）、孟素洁等（2012）[①] 的研究，可以得到：

农田单位面积净化水质量$= 10 \times 0.4 \times 600 = 906.46$（吨/公顷）

$a_{24} = 1/$农田单位面积调节水量$= 1/906.46 = 0.001103$（公顷/吨）

（3）草地净化水质量计算

综合周熔基（2011）、孟素洁等（2012）的研究，可以得到：

草地单位面积净化水质量$= 10 \times 0.4 \times 600 = 574.58$（吨/公顷）

$a_{34} = 1/$草地单位面积调节水量$= 1/574.58 = 0.00174$（公顷/吨）

3. 湿地的水质净化处理功能与价值

湿地系统的土壤净化功能和空气净化功能与农业其他资源相比可忽略不计，其水质净化功能却较为突出。由于目前缺乏对此足够的系统研究，还很难开展大范围的湿地系统净化环境功能的评估事宜，本书依据现有的相关研究，将通过去除氮磷功能和效用，在一定程度上反映出湿地系统的水质净化功能与价值。

湿地的氮去除率为 3.98（吨/公顷），磷去除率为 1.86（吨/公顷），由此可得：

湿地单位面积氮去除量$= 3.98$（吨/公顷）

$a_{45} = 1/$湿地单位面积氮去除量$= 0.2513$（公顷/吨）

湿地单位面积磷去除量$= 1.86$（吨/公顷）

$a_{46} = 1/$湿地单位面积氮去除量$= 0.5376$（公顷/吨）

氮污水处理成本为 1500 元/吨，磷污水处理成本为 2500 元/吨[②]，由此可得：$P_5 = 1500$ 元/吨，$P_6 = 2500$ 元/吨。

4. 洪水调蓄功能与价值

湿地系统的洪水调蓄功能主要是通过湖泊、水库、沼泽的蓄水来实现，从而起到削减洪峰、滞后洪水过程的作用，进而达到减少洪水

---

① 孟素洁、郭航、战冬娟：《北京都市型现代农业生态服务价值监测报告》，《数据》2012 年第 4 期。

② 王金南：《排污收费理论学》，中国环境出版社 1997 年版，第 176—184 页。

带来的巨大的经济损失的功能。

采用周熔基 2011 年研究结果，可以得到：

湿地单位面积洪水调蓄量 = 24262.5（吨/公顷）

a_{47} = 1/湿地单位面积洪水调蓄量 = 4.12158E－05（公顷/吨）

调蓄功能价值采用替代工程法进行估算，水库蓄水成本为 1.63 元/吨，即 P_7 = 1.63 元/吨。

（三）环境净化功能与价值

农业植物的生长可吸收污染的气体，进而净化空气。如吸收大气中的二氧化硫、二氧化氮、氟化氢、滞尘等，并对其进行分解。

采用李国洋 2009 年的研究结果，运用防护费用和替代价值法，吸收二氧化硫、二氧化氮、氟化氢和滞尘的价格分别为 600 元/吨、600 元/吨、900 元/吨和 170 元/吨，则 P_8 = 600 元/吨，P_9 = 600 元/吨，P_{10} = 900 元/吨，P_{11} = 170 元/吨。

1. 吸收二氧化硫功能

综合周熔基（2011）、孟素洁等（2012）的研究，可以得到：

林地单位面积吸收二氧化硫量 = 0.0799（吨/公顷）

a_{18} = 1/林地单位面积吸收二氧化硫量 = 12.508（公顷/吨）

农田单位面积吸收二氧化硫量 = 0.045（吨/公顷）

a_{28} = 1/农田单位面积吸收二氧化硫量 = 22.22（公顷/吨）

草地单位面积吸收二氧化硫量 = 0.0300（吨/公顷）

a_{38} = 1/草地单位面积吸收二氧化硫量 = 33.30（公顷/吨）

2. 吸收二氧化氮（氮氧气）功能

综合周熔基（2011）、孟素洁等（2012）的研究，可以得到：

林地单位面积吸收二氧化氮量 = 0.0588（吨/公顷）

a_{19} = 1/林地单位面积吸收二氧化氮量 = 17.0006（公顷/吨）

农田单位面积（公顷）吸收二氧化氮量 = 0.0331（吨/公顷）

a_{29} = 1/农田单位面积吸收二氧化氮量 = 30.2031（公顷/吨）

草地单位面积吸收二氧化氮量 = 0.0221 吨/公顷）

a_{39} = 1/草地单位面积吸收二氧化氮量 = 45.2622（公顷/吨）

3. 吸收氟化氢功能

综合周熔基（2011）、孟素洁等（2012）的研究，可以得到：

林地单位面积（公顷）吸收氟化氢量 = 0.0009389（吨/公顷）

a_{110} = 1/林地单位面积吸收氟化氢（HF）量 = 1065.03（公顷/吨）

农田单位面积吸收氟化氢量 = 0.0005285（吨/公顷）

a_{210} = 1/农田单位面积吸收氟化氢量 = 1892.11（公顷/吨）

草地单位面积吸收氟化氢量 = 0.00035267（吨/公顷）

a_{310} = 1/草地单位面积吸收氟化氢量 = 2835.51（公顷/吨）

4. 吸收滞尘功能

综合周熔基（2011）、孟素洁等（2012）的研究，可以得到：

林地单位面积吸收滞尘量 = 14.7077（吨/公顷）

a_{111} = 1/林地单位面积吸收滞尘量 = 0.06799（公顷/吨）

农田单位面积吸收滞尘量 = 0.00092655（吨/公顷）

a_{211} = 1/农田单位面积吸收滞尘量 = 1079.27（公顷/吨）

湿地单位面积吸收滞尘量 = 0.00015955（吨/公顷）

a_{411} = 1/湿地单位面积吸收滞尘量 = 6267.55（公顷/吨）

5. 消解固体废弃物量功能与价值

草地对牲畜排泄物的降解及养分归还方面作用巨大，对维持草地系统的生态平衡至关重要。

运用替代工程法、影子工程法来评估草地对牲畜排泄物的降解及养分归还的价值量。按中国化肥的平均价格 4684 元/吨，P_{12} = 4684 元/吨。

采用周熔基 2011 年研究结果，可以得到：

草地单位面积消解固体废弃物量 = 0.212186（吨/公顷）

a_{312} = 1/草地单位面积消解固体废弃物量 = 4.7128（公顷/吨）

（四）维持营养物质循环功能与价值

能量流动和物质循环是农业生态系统中两个最基本的过程。评估农业生态系统维持营养物质循环的功能和价值时，主要是估算氮、磷、钾、有机质等重要营养物质在农业资源生态系统中的每年的贮存量与价值。

计算氮、磷、钾和有机质这四种营养成分的价格，根据市场价值法使用替代价格将它们分别折合成磷酸二铵、氯化钾和有机质的价值来计算。维持有机质循环功能的价格，取有机肥价格 320 元/吨；维持氮循环功能取磷酸二铵价格/磷酸二铵含氮量（%），维持磷循环功能取磷酸二铵价格/磷酸二铵含磷量（%），维持钾循环功能取氯化钾价格/氯化钾含钾量（%）；磷酸二铵价格，取 2400 元/吨，碳氯化钾价格，取 2200 元/吨，磷酸二铵含氮量为 14%，含磷量为 15.01%，氯化钾含钾量为 50%。由此可得 $P_{13} = 513$ 元/吨，$P_{14} = 17143$ 元/吨，$P_{15} = 15989$ 元/吨，$P_{16} = 4400$ 元/吨。

1. 林地维持营养物质循环功能

根据相关研究，林地年净生物量的含量中有机质含量为 8.27%—87.27%，氮的含量为 0.031%—0.326%，磷的含量为 0.012%—0.972%，钾的含量为 0.560%—1.390%。分别取它的中间值：47.77%、0.179%、0.492% 与 0.975%。运用周熔基 2011 年研究结果，可以得到：

林地单位面积（公顷）维持有机质营养物质循环量 = 0.8992（吨/公顷）

a_{113} = 1/林地单位面积维持有机质营养物质循环量 = 1.1121（公顷/吨）

林地单位面积维持氮营养物质循环量 = 0.00337（吨/公顷）

a_{114} = 1/林地单位面积维持氮营养物质循环量 = 296.3560（公顷/吨）

林地单位面积维持磷营养物质循环量 = 0.00927（吨/公顷）

a_{115} = 1/林地单位面积维持磷营养物质循环量 = 107.8206（公顷/吨）

林地单位面积维持钾营养物质循环量 = 0.001838（吨/公顷）

a_{116} = 1/林地单位面积维持钾营养物质循环量 = 544.0793（公顷/吨）

2. 农田维持营养物质循环功能

采用周熔基 2011 年研究结果，一等耕地和二等耕地有机质含量为 3%—4%，全氮含量在 0.15%—0.12%，全磷含量在 0.10%—0.15%，全钾含量在 0.20%—0.28%，取中间值，以上对应的分别为：有机质 0.35%、0.175%（氮）、0.125%（磷）、0.24%（钾）。由此可得到：

农田单位面积维持有机质营养物质循环量 = 0.1143（吨/公顷）

a_{213} = 1/农田单位面积维持有机质营养物质循环量 = 8.7518（公顷/吨）

农田单位面积维持氮营养物质循环量 = 0.05713（吨/公顷）

a_{214} = 1/农田单位面积维持氮营养物质循环量 = 17.5036（公顷/吨）

农田单位面积维持磷营养物质循环量 = 0.0408（吨/公顷）

a_{215} = 1/农田单位面积维持磷营养物质循环量 = 24.5051（公顷/吨）

农田单位面积维持钾营养物质循环量 = 0.07835（吨/公顷）

a_{216} = 1/农田单位面积维持钾营养物质循环量 = 12.7631（公顷/吨）

3. 草地维持营养物质循环功能

根据段飞舟、陈玲、阿里穆斯[①]对草原植物种群营养元素生殖分配表，可以计算出草地每固定 1 克碳，就可以积累 0.35838 克氮、0.002934 克磷和 0.002934 克钾。因此，草地生态系统单位面积维持营养物质循环量为 NPP ×（0.35838 + 0.002934 + 0.002934）。根据赵同谦与欧阳志云等人研究的结论，全国草地 NPP 为 165168.58 × 10^4 吨/年，全国草地面积为 4 亿公顷，可以计算出单位草地 NPP = 165168.58 × 10^4/400000000 = 4.129（吨/公顷）。由此可以得到：

草地单位面积维持氮营养物质循环量 = 0.14798（吨/公顷）

a_{314} = 1/草地单位面积维持氮营养物质循环量 = 6.7576（公顷/吨）

草地单位面积维持磷营养物质循环量 = 0.01212（吨/公顷）

---

① 段飞舟、陈玲、阿里穆斯：《草原植物种群营养元素生殖分配表》，《内蒙古大学学报》（自然科学版）2000 年第 2 期。

a_{315} = 1/草地单位面积维持磷营养物质循环量 = 82.5418(公顷/吨)

草地单位面积维持钾营养物质循环量 = 0.01212(吨/公顷)

a_{316} = 1/草地单位面积维持钾营养物质循环量 = 82.5418（公顷/吨）

（五）土壤保持功能与价值

不合理的农业生产会加剧水土流失，但另一方面，农业生产活动对水土保持又有着很大的作用。

1. 林地避免土地废弃功能与价值

森林覆盖下的土壤侵蚀模数要明显小于裸露土壤的侵蚀模数。采用周熔基 2011 年研究结果，单位面积林地每年可能避免损失土地面积 0.02925（公顷），以机会成本法来评估林地减少的价值，林业生产的平均受益为 263.58 元/公顷。由此可以得到：

林地单位面积避免土地废弃量 = 0.02925（公顷/公顷）

a_{117} = 1/林地单位面积避免土地废弃量 = 34.880（公顷/公顷）

P_{17} = 263.58 元/公顷。

2. 农田避免土地废弃功能与价值

采用周熔基 2011 年的研究结果，单位面积农田每年可能避免损失土地面积 0.0135806，以机会成本法来评估农田减少的价值，以 2009 年农户调查结果 1342.94（元/公顷）作为农田生产的平均受益。由此可以得到：

农田单位面积避免土地废弃量 = 0.0135806（公顷/公顷）

a_{218} = 1/农田单位面积避免土地废弃量 = 73.6342（公顷/公顷）

P_{18} = 1342.94 元/公顷。

3. 草地避免土地废弃功能与价值

采用周熔基 2011 年的研究结果，单位面积草地每年可能避免损失土地面积 0.029656 公顷，以机会成本法来评估草地减少的价值，草地生产的平均受益为 245.50 元/公顷。由此可以得到：

草地单位面积避免土地废弃量 = 0.029656（公顷/公顷）

a_{319} = 1/草地单位面积避免土地废弃量 = 33.72（公顷/公顷）

$P_{19} = 245.50$ 元/公顷。

4. 湿地土壤保留功能与价值

采用周熔基 2011 年的研究结果，单位面积湿地每年可能保留土壤面积 4.8006 公顷，以单位土地面积增加值为 5197.93 元/公顷来评估湿地土壤保留的价值，由此可以得到：

湿地单位面积土壤保留量 = 4.8006（公顷/公顷）

a_{420} = 1/湿地单位面积土壤保留量 = 0.2083（公顷/公顷）

$P_{20} = 5197.93$ 元/公顷。

5. 减少泥沙淤积功能与价值

从主要流域泥沙运动的一般规律来说，因土壤侵蚀而导致泥沙流失的量中，淤积于各种类型水库、湖泊、江河，会导致水库、湖泊、江河上蓄水量的减少，干旱或洪灾出现的概率就会增加。因而农业资源还具有减少泥沙淤积的功能与价值。

水库蓄水成本取 1.63 元/吨，作为评估农业资源减少泥沙淤积的价格，即 $P_{21} = 1.63$ 元/吨。

采用周熔基 2011 年的研究结果，可以得到：

林地单位面积减少泥沙淤积量 = 44.9494（吨/公顷）

a_{121} = 1/林地单位面积减少泥沙淤积量 = 0.02225（公顷/吨）

农田单位面积减少泥沙淤积量 = 60.6305（吨/公顷）

a_{221} = 1/农田单位面积减少泥沙淤积量 = 0.01649（公顷/吨）

草地单位面积减少泥沙淤积量 = 46.0147（吨/公顷）

a_{321} = 1/草地单位面积减少泥沙淤积量 = 0.02173（公顷/吨）

（六）生物多样性保护功能与价值

生物多样性是指一定范围内多种多样活有机体（动物、植物、微生物）有规律地结合构成稳定的生态综合体。林地、草地、湿地生态系统不仅为各种生物物种提供生息、繁衍的场所，而且为生物多样性的形成与保护及其进化提供了必备条件。另外，同物种中的不同的种群对气候因子的扰动与化学环境的改变具有抵抗能力不同，生态系统的多样性为不同类的种群提供了生存场所，从而可以避免因某一环境因子的改变而导致特定物种的灭绝，使遗传基因信息得以保存。生物多样性决定了生态系统的稳定性。

1. 林地生物多样性保护功能与价值

依据周熔基 2011 年的研究，从林地生态中的自然保护区的机会成本、政府对森林的投入和公众相应的支付意愿三方面，来对林地生物多样性维持功能价值进行评估，可以得到单位林地自然保护区维持生物多样性的价值为 2978.37 元/公顷，又将林地中的非自然保护区的相应价值以保护区的一半计算，由此，本书设 P_{22} = 2978.37 元/公顷，林地单位面积（公顷）生物多样性保护量计算公式如下：

$$Q = R + (1 - R)/2$$

式中，Q 为林地单位面积生物多样性保护量，R 为某地区林地自然保护区面积占林地总面积的比例。北京市自然保护区面积约占林地总面积的 12%，由此可得：

林地单位面积生物多样性保护量 = 0.56

a_{122} = 1/林地单位面积生物多样性保护量 = 1.7857

2. 草地生物多样性保护功能与价值

结合赵同谦与欧阳志云等人 2004 年的研究[①]与周熔基 2011 年的研究，从草地生态中的自然保护区的机会成本、政府对森林的投入和公众相应的支付意愿三方面，来对草地生物多样性维持功能价值进行评估，草地为生物物种提供生存、繁衍及避难所功能单位生态效益为 313.82 元/公顷。由此可以得到 P_{23} = 313.82 元/公顷，且：

草地单位面积（公顷）生物多样性保护量 = 1

a_{323} = 1/草地单位面积生物多样性保护量 = 1

3. 湿地生物多样性保护功能与价值

采用周熔基 2011 年的研究结果，各种湿地为生物物种提供生存、繁衍及避难所功能单位生态效益为 2998.37 元/公顷。由此可以得到 P_{24} = 2998.37 元/公顷，且：

湿地单位面积生物多样性保护量 = 1

---

① 赵同谦、欧阳志云、贾良清、郑华：《中国草地生态系统服务功能间接价值评价》，《生态学报》2004 年第 6 期。

a_{424} =1/湿地单位面积生物多样性保护量 =1

二 北京市农业四大资源生态功能与价值线性规划矩阵

通过前面的测算，可以得到北京市农业四大资源生态功能与价值线性规划原问题矩阵，见表2-3。

表2-3 北京市农业资源主要生态功能与价值线性规划原问题

	调节大气成分		水源涵养				
	X_1 释氧量（吨）	X_1 固碳量（吨）	X_3 涵养水源量（吨）	X_4 净化水质量（吨）	X_5 湿地去除氮量（吨）	X_6 湿地去除磷量（吨）	X_7 湿地洪水调蓄量（吨）
森林 Y_1	0.12	0.31	0.0003	0.0004			
农田 Y_2	0.06	0.15	0.0010	0.0011			
草地 Y_3	0.22	0.59	0.0013				
湿地 Y_4	0.47	1.26			0.25126	0.53763	0.00004
生态功能价格 P_j	400	759.15	1.63	2.6	1500	2500	1.63
	$X_1 \geqslant 0$	$X_2 \geqslant 0$	$X_3 \geqslant 0$	$X_4 \geqslant 0$	$X_5 \geqslant 0$	$X_6 \geqslant 0$	$X_7 \geqslant 0$
林地 Y_1	12.51	17.00	1065.03	0.07		1.11	296.74
农田 Y_2	22.22	30.20	1892.11	1079.27		8.75	17.50
草地 Y_3	33.30	45.26	2835.51		4.71		6.76
湿地 Y_4				6267.55			
生态功能价格 P_j	600	600	900	170	4684	320	17143
	$X_{8} \geqslant 0$	$X_9 \geqslant 0$	$X_{10} \geqslant 0$	$X_{11} \geqslant 0$	$X_{12} \geqslant 0$	$X_{13} \geqslant 0$	$X_{14} \geqslant 0$
林地 Y_1	107.87	544.07	34.19				0.022
农田 Y_2	24.51	12.76		73.63			0.016
草地 Y_3	82.51	82.51			33.72		0.022
湿地 Y_4							0.21
生态功能价格 P_j	15989	4400	263.58	1342.94	245.5	5197.93	1.63
	$X_{15} \geqslant 0$	$X_{16} \geqslant 0$	$X_{17} \geqslant 0$	$X_{18} \geqslant 0$	$X_{19} \geqslant 0$	$X_{20} \geqslant 0$	$X_{21} \geqslant 0$

续表

	生物多样性保护			$a_{ij}x_j$	北京市拥有农业资源（公顷）
	X_{22} 林地生物多样性保护	X_{23} 草地生物多样性保护	X_{24} 湿地生物多样性保护		
森林 Y_1	1.79			≤	1089534.3
农田 Y_2				≤	221157.28
草地 Y_3		1		≤	85139.49
湿地 Y_4			1	≤	51400
	$X_{22} \geqslant 0$	$X_{23} \geqslant 0$	$X_{24} \geqslant 0$		

$$\max Z = \sum_{j=1}^{n} p_j x_j$$

注：北京市拥有农业资源的数据中，林地是 2015 年数据，农田是 2014 年数据，草地是 2014 年数据，湿地是 2016 年数据。

表 2 - 3 的对偶问题即如表 2 - 4 所示。

表 2 - 4 北京市农业资源主要生态功能与价值线性规划对偶问题

生态功能/B_i 资源总量（公顷）	林地 Y_1 1089534	农田 Y_2 221157	草地 Y_3 85139	湿地 Y_4 51400	$a_{ij}Y_i$	生态功能价格（元）P_j
X_1 释氧量（吨）	0.12	0.06	0.22	0.47	≥	400
X_2 固碳量（吨）	0.31	0.15	0.59	1.26	≥	759.15
X_3 涵养水源量（吨）	0.0003	0.0010	0.0013		≥	1.63
X_4 净化水质量（吨）	0.0004	0.0011			≥	2.6
X_5 湿地去除氮量（吨）				0.25126	≥	1500
X_6 湿地去除磷量（吨）				0.53763	≥	2500
X_7 湿地洪水调蓄量（吨）				0.00004	≥	1.63
X_8 吸收二氧化硫量（吨）	12.51	22.22	33.30		≥	600
X_9 吸收二氧化氮量（吨）	17.00	30.20	45.26		≥	600
X_{10} 吸收氟化氢量（吨）	1065.03	1892.11	2835.51		≥	900
X_{11} 吸收滞尘量（吨）	0.07	1079.27		6267.55	≥	170
X_{12} 草地消解固废弃量（吨）			4.71		≥	4684

续表

	林地 Y_1	农田 Y_2	草地 Y_3	湿地 Y_4	$a_{ij}Y_i$	生态功能价格（元）P_j
生态功能/B_i 资源总量（公顷）	1089534	221157	85139	51400		
X_{13} 维持有机质量（吨）	1.11	8.75			≥	320
X_{14} 维持氮量（吨）	296.74	17.50	6.76		≥	17143
X_{15} 维持磷量（吨）	107.87	24.51	82.51		≥	15989
X_{16} 维持钾量（吨）	544.07	12.76	82.51		≥	4400
X_{17} 林地避免土地废弃量（公顷）	34.19				≥	263.58
X_{18} 农田避免土地废弃量（公顷）		73.63			≥	1342.94
X_{19} 草地避免土地废弃量（公顷）			33.72		≥	245.5
X_{20} 湿地土壤保留量（公顷）				0.21	≥	5197.93
X_{21} 减少泥沙淤积量（立方米）	0.022	0.016	0.022		≥	1.63
X_{22} 林地生物多样性保护	1.79				≥	2978.37
X_{23} 草地生物多样性保护			1		≥	313.82
X_{24} 湿地生物多样性保护				1	≥	2998.37
	$Y_1 \geqslant 0$	$Y_2 \geqslant 0$	$Y_3 \geqslant 0$	$Y_4 \geqslant 0$		

$$\min W = \sum_{i=1}^{4} b_i y_i$$

三　北京市农业四大资源生态补偿标准最优解及其敏感性分析

（一）北京市四大农业资源生态补偿标准线性规划最优解

运用 Excel 表求解表 2 - 4 线性规划问题，得到可满足所有约束条件及最优状况的一组解，如表 2 - 5 所示。

表 2 - 5　北京市四大农业资源生态补偿标准线性规划最优解

生态功能/B_i 资源总量（公顷）	林地 Y_1	农田 Y_2	草地 Y_3	湿地 Y_4	$a_{ij}Y$	i	生态功能价格（元）P_j
	1089534	221157	85139	51400			
X_1 释氧量（吨）	0.12	0.06	0.22	0.47	19076	≥	400
X_2 固碳量（吨）	0.31	0.15	0.59	1.26	51035	≥	759.15

续表

生态功能/B_i	林地 Y_1	农田 Y_2	草地 Y_3	湿地 Y_4	$a_{ij}Y$	i	生态功能价格（元）P_j
资源总量（公顷）	1089534	221157	85139	51400			
X_3 涵养水源量（吨）	0.0003	0.0010	0.0013		4	≥	1.63
X_4 净化水质量（吨）	0.0004	0.0011			2.6	≥	2.6
X_5 湿地去除氮量（吨）				0.25126	9937	≥	1500
X_6 湿地去除磷量（吨）				0.53763	21262	≥	2500
X_7 湿地洪水调蓄量（吨）				0.00004	1.63	≥	1.63
X_8 吸收二氧化硫量（吨）	12.51	22.22	33.30		92335	≥	600
X_9 吸收二氮化氢量（吨）	17.00	30.20	45.26		125496	≥	600
X_{10} 吸收氟化氢量（吨）	1065.03	1892.11	2835.51		7861897	≥	900
X_{11} 吸收滞尘量（吨）	0.07	1079.27		6267.55	249732433		170
X_{12} 草地消解固体废弃物量（吨）			4.71		4684	≥	4684
X_{13} 维持有机质量（吨）	1.11	8.75			16963	≥	320
X_{14} 维持氮量（吨）	296.74	17.50	6.76		531865	≥	17143
X_{15} 维持磷量（吨）	107.87	24.51	82.51		304251	≥	15989
X_{16} 维持钾量（吨）	544.07	12.76	82.51		1011490	≥	4400
X_{17} 林地避免土地废弃量（公顷）	34.19				57022	≥	264
X_{18} 农田避免土地废弃量（公顷）		73.63			127156	≥	1343
X_{19} 草地避免土地废弃量（公顷）			33.72		33514	≥	246
X_{20} 湿地土壤保留量（公顷）				0.21	8238	≥	5198
X_{21} 减少泥沙淤积量（立方米）	0.022	0.016	0.022		87	≥	1.63
X_{22} 林地生物多样性保护	1.79				2978	≥	2978
X_{23} 草地生物多样性保护			1		994	≥	314
X_{24} 湿地生物多样性保护				1	39548	≥	2998
	≥0	≥0	≥0	≥0			
	Y_1	Y_2	Y_3	Y_4	$a_{ij}Y$		
Y_i 补偿标准（元/公顷）	1668	1727	994	39548	4316506348		

表 2 - 5 测算的结果表明，如果考虑全部生态功能指标，北京市农业四大资源的补偿标准分别为林地 1668 元/公顷、农田 1727 元/公顷、草地 994 元/公顷、湿地 39548 元/公顷，补偿总额为 4316506348 元。按照此计算结果，北京市对湿地的生态补偿标准应是林地的 23.7 倍。表 2 - 5 测算的结果还表明，湿地是北京农业生态功能最稀缺的资源，其次是农田、林地和草地。

（二）北京市四大农业资源生态补偿标准线性规划测算敏感性分析

表 2 - 6 显示了北京市农业四大资源生态补偿标准线性规划测算敏感性分析的具体数据。

表 2 - 6　北京市农业四大资源生态补偿标准线性规划测算敏感性分析

可变单元格	终值	递减成本	目标式系数	允许的增量	允许的减量
Y_1 森林	1668	0	1089534	1E + 30	1006005
Y_2 农田	1727	0	221157	2663562	221157
Y_3 草地	994	0	85139	5.2E + 19	85139
Y_4 湿地	39548	0	51400	1E + 30	51400
约束单元格	终值 $a_{ij}Y_i$	影子价格	约束限制值	允许的增量	允许的减量
X_1 释氧量（吨）	19076	0	400	18676	1E + 30
X_2 固碳量（吨）	51035	0	759	50276	1E + 30
X_3 涵养水源量（吨）	3.5	0	1.63	1.89	1E + 30
X_4 净化水质量（吨）	2.6	200470228	2.6	1E + 30	1.88
X_5 湿地去除氮量（吨）	9937	0	1500	8437	1E + 30
X_6 湿地去除磷量（吨）	21262	0	2500	18762	1E + 30
X_7 湿地洪水调蓄量（吨）	1.63	1247093469	1.63	2.9E + 13	0.60
X_8 吸收二氧化硫量（吨）	92335	0	600	91735	1E + 30
X_9 吸收二氧化氮量（吨）	125496	0	600	124896	1E + 30
X_{10} 吸收氟化氢量（吨）	7861897	0	900	7860997	1E + 30
X_{11} 吸收滞尘量（吨）	249732433	0	170	249732263	1E + 30
X_{12} 草地消解固体废弃物量（吨）	4684	18065	4684	2.7E + 22	3205
X_{13} 维持有机质量（吨）	16963	0	320	16643	1E + 30
X_{14} 维持氮量（吨）	531865	0	17143	514722	1E + 30

续表

可变单元格	终值	递减成本	目标式系数	允许的增量	允许的减量
X_{15}维持磷量（吨）	304251	0	15989	288262	1E+30
X_{16}维持钾量（吨）	1011490	0	4400	1007090	1E+30
X_{17}林地避免土地废弃量（公顷）	57022	0	264	56758	1E+30
X_{18}农田避免土地废弃量（公顷）	127156	0	1343	125813	1E+30
X_{19}草地避免土地废弃量（公顷）	33514	0	246	33268	1E+30
X_{20}湿地土壤保留量（公顷）	8238	0	5198	3040	1E+30
X_{21}减少泥沙淤积量（立方米）	87	0	1.63	86	1E+30
X_{22}林地生物多样性保护	2978	563363	2978	8078	2965
X_{23}草地生物多样性保护	994	0	314	680	1E+30
X_{24}湿地生物多样性保护	39548	0	2998	36550	1E+30

1. 表2-6上半部的表格反映目标函数中系数变化对最优解的影响

"终值"，即决策变量的终值，也就是最优解的值。农业四大资源生态补偿标准为林地1668元/公顷、农田1727元/公顷、草地994元/公顷、湿地39548元/公顷。

"递减成本"，其绝对值表示目标函数中决策变量的系数必须改进多少，才能得到该决策变量的正数解（非零解）。表2-6显示，四大资源递减成本均为零，与最优解均为正值（非零解）相匹配。

"目标式系数"是指目标函数中的系数。即本模型中的四大资源的现有面积B_i（公顷）。

"允许的增量"和"允许的减量"，表示在目标函数中的系数在允许的增量和减量范围内变化时，最优解不变（这里给出的决策变量的允许变化范围是指其他条件不变，仅该决策变量变化时的允许变化范围）。那么，根据表2-6的数值，可以得到：

林地面积在（$83529 \leqslant B_1 \leqslant 10^{30}$）范围内变化，其他三大资源面积不变，最优解不变；

农田面积在（$0 \leqslant B_2 \leqslant 2884719$）范围内变化，其他三大资源面积不变，最优解不变；

草地面积在（$0 \leqslant B_3 \leqslant 5.2 \times 10^{19}$）范围内变化，其他三大资源面积不变，最优解不变；

湿地面积在（$0 \leqslant B_4 \leqslant 10^{30}$）范围内变化，其他三大资源面积不变，最优解不变。

目标函数系数同时变动的百分之百法则。如果目标函数的系数（四大资源现有面积）同时变动，计算出每一系数变动量占该系数最优域允许变动量的百分比（即增加量占允许增量的百分比或减少量占允许减量的百分比），而后将各个系数的变动百分比相加，如果所得的和不超过100%，最优解不会改变，如果超过100%，则不能确定最优解是否改变。

2. 表 2－6 下半部的表格反映约束条件右边变化对目标值的影响

"终值"是约束条件左边的终值（即 $a_{ij}Y_i$ 的最后结果）。

"影子价格"是指约束条件右边增加（或减少）一个单位，使目标值增加（或减少）的值。那么，根据表 2－6 的数值，可以得到：

X_4 净化水质量（吨）的影子价格为 200470228 元，说明在允许范围内（$1 \leqslant P_4 \leqslant 10^{30}$），再增加或减少一个单位的 P_4 的价格（目前 $P_4 = 2.6$ 元/吨），目标值（最小补偿成本）将增加或减少 200470228 元。

X_7 湿地洪水调蓄量（吨）的影子价格为 1247093469 元，说明在允许范围内（$1 \leqslant P_7 \leqslant 2.9 \times 10^{13}$），再增加或减少一个单位的 P_7 的价格（目前 $P_7 = 1.63$ 元/吨），目标值（最小补偿成本）将增加或减少 1247093469 元。

X_{12} 草地消解固体废弃物量（吨）的影子价格为 18065 元，说明在允许范围内（$1479 \leqslant P_{12} \leqslant 2.7 \times 10^{22}$），再增加或减少一个单位的 P_{12} 的价格（目前 $P_{12} = 4684$ 元/吨），目标值（最小补偿成本）将增加或减少 18065 元。

X_{22}林地生物多样性保护的影子价格为 563363 元，说明在允许范围内（$14 \leqslant P_{22} \leqslant 11057$），再增加或减少一个单位的 P_{22} 的价格（目前 $P_{22} = 2978$ 元/公顷），目标值（最小补偿成本）将增加或减少 563363 元。

其余生态功能的影子价格为 0，说明再增加或减少一个单位的 P_i 的价格，目标值（最小补偿成本）不变。

生态功能的影子价格分析，可以让我们了解测算农业四大资源农业生态补偿的总额中，哪些生态功能发挥着主要作用。那么，如果考虑降低生态补偿总额，则可以根据生态补偿的主要目的，降低一些相对不大重要但又比较敏感的功能的价格（在允许的范围内），可以降低生态补偿总额。表 2-7 显示了降低敏感生态功能价格几种不同情况的测算结果。测算主要依据表 2-6 中生态功能影子价格为正数的四种生态功能——草地消解固体废弃物、林地生物多样性、湿地洪水调蓄、净化水质量，采用各自允许范围的最小值作为重新制定的价格 P_i，并依次测算四种情况——原数据；草地消解固体废弃物价格降至 1479 元/吨，其他不变；草地消解固体废弃物价格降至 1479 元/吨，林地生物多样性价格降至 14 元/公顷，其他不变；草地消解固体废弃物价格降至 1479 元/吨，林地生物多样性价格降至 14 元/公顷，湿地洪水调蓄价格降至 1 元/吨，其他不变；草地消解固体废弃物价格降至 1479 元/吨，林地生物多样性价格降至 14 元/公顷，湿地洪水调蓄价格降至 1 元/吨，净化水质量价格降至 1 元/吨。

表 2-7　　　降低敏感生态功能价格几种不同情况
补偿标准与总额的测算结果

	Y_1 林地	Y_2 农田	Y_3 草地	Y_4 湿地	$a_{ij}Y$ 补偿总额
原数据	1668	1727	994	39548	4316506348
草地消解固体废弃物价格降至 1479 元/吨，其他不变	1668	1727	314	39548	4258624711
草地消解固体废弃物价格降至 1479 元/吨，林地生物多样性价格降至 14 元/公顷，其他不变	8	2354	314	39548	2588608864

续表

	Y_1 林地	Y_2 农田	Y_3 草地	Y_4 湿地	$a_{ij}Y$ 补偿总额
草地消解固体废弃物价格降至1479元/吨，林地生物多样性价格降至14元/公顷，湿地洪水调蓄价格降至1元/吨，其他不变	8	2354	314	24953	1838445585
草地消解固体废弃物价格降至1479元/吨，林地生物多样性价格降至14元/公顷，湿地洪水调蓄价格降至1元/吨，净化水质量价格降至1元/吨	8	903	543	24953	1537180495

"约束条件限制值"，指约束条件右边的值。即各生态功能的价格。

"允许的增量"和"允许的减量"，表示约束条件右边在允许的增量和减量范围内变化时，影子价格不变。（这里给出的约束条件右边的"允许变化范围"是指其他条件不变，仅该约束条件右边变化时的允许变化范围）。那么，根据表2-6的数值，可以得到：

释氧量的价格 P_1（400元/吨）在（$-10^{30} \leq P_1 \leq 19076$）范围内变化，其他14个生态功能价格不变，其影子价格（0）不变；

固碳量的价格 P_2（759元/吨）在（$-10^{30} \leq P_2 \leq 51035$）范围内变化，其他14个生态功能价格不变，其影子价格（0）不变；

涵养水源量的价格 P_3（1.63元/吨）在（$-10^{30} \leq P_3 \leq 3.5$）范围内变化，其他14个生态功能价格不变，其影子价格（0）不变；

净化水质量的价格 P_4（2.6元/吨）在（$1 \leq P_4 \leq 10^{30}$）范围内变化，其他14个生态功能价格不变，其影子价格（200470228）不变；

湿地去除氮量的价格 P_5（1500元/吨）在（$-10^{30} \leq P_5 \leq 9937$）范围内变化，其他14个生态功能价格不变，其影子价格（0）不变；

湿地去除磷量的价格 P_6（2500元/吨）在（$-10^{30} \leq P_6 \leq 21262$）范围内变化，其他14个生态功能价格不变，其影子价格（0）不变；

湿地洪水调蓄量的价格 P_7（1.63元/吨）在（$1 \leq P_7 \leq 2.9 \times 10^{13}$）范围内变化，其他14个生态功能价格不变，其影子价格

（1247093469）不变；

吸收二氧化硫量的价格 P_8（600 元/吨）在（$-10^{30} \leq P_8 \leq$ 92335）范围内变化，其他 14 个生态功能价格不变，其影子价格（0）不变；

吸收二氧化氮量的价格 P_9（600 元/吨）在（$-10^{30} \leq P_9 \leq$ 125496）范围内变化，其他 14 个生态功能价格不变，其影子价格（0）不变；

吸收氟化氢量的价格 P_{10}（900 元/吨）在（$-10^{30} \leq P_{10} \leq$ 7861897）范围内变化，其他 14 个生态功能价格不变，其影子价格（0）不变；

吸收滞尘量的价格 P_{11}（170 元/吨）在（$-10^{30} \leq P_{11} \leq$ 249732433）范围内变化，其他 14 个生态功能价格不变，其影子价格（0）不变；

草地消解固体废弃物量的价格 P_{12}（4684 元/吨）在（$1479 \leq P_{12} \leq 2.7 \times 10^{22}$）范围内变化，其他 14 个生态功能价格不变，其影子价格（18065）不变；

维持有机质量的价格 P_{13}（320 元/吨）在（$-10^{30} \leq P_{13} \leq 16963$）范围内变化，其他 14 个生态功能价格不变，其影子价格（0）不变；

维持氮量的价格 P_{14}（17143 元/吨）在（$-10^{30} \leq P_{14} \leq 531865$）范围内变化，其他 14 个生态功能价格不变，其影子价格（0）不变；

维持磷量的价格 P_{15}（15989 元/吨）在（$-10^{30} \leq P_{15} \leq 304251$）范围内变化，其他 14 个生态功能价格不变，其影子价格（0）不变；

维持钾量的价格 P_{16}（4400 元/吨）在（$-10^{30} \leq P_{16} \leq 1011490$）范围内变化，其他 14 个生态功能价格不变，其影子价格（0）不变；

林地避免土地废弃量的价格 P_{17}（264 元/公顷）在（$-10^{30} \leq P_{17} \leq 57022$）范围内变化，其他 14 个生态功能价格不变，其影子价格（0）不变；

农田避免土地废弃量的价格 P_{18}（1343 元/公顷）在（$-10^{30} \leq P_{18} \leq 12715$）范围内变化，其他 14 个生态功能价格不变，其影子价格（0）不变；

草地避免土地废弃量的价格 P_{19}（246 元/公顷）在（$-10^{30} \leq P_{19} \leq 33514$）范围内变化，其他 14 个生态功能价格不变，其影子价格（0）

不变；

湿地土壤保留量的价格 P_{20}（5198 元/公顷）在（ $-10^{30} \leqslant P_{20} \leqslant$ 8238）范围内变化，其他 14 个生态功能价格不变，其影子价格（0）不变；

减少泥沙淤积量的价格 P_{21}（1.63 元/立方米）在（ $-10^{30} \leqslant$ $P_{21} \leqslant 87$）范围内变化，其他 14 个生态功能价格不变，其影子价格（0）不变；

林地生物多样性保护的价格 P_{22}（2978 元/公顷）在（ $14 \leqslant P_{22} \leqslant$ 11057）范围内变化，其他 14 个生态功能价格不变，其影子价格（563363）不变；

草地生物多样性保护的价格 P_{23}（314 元/公顷）在（ $-10^{30} \leqslant$ $P_{23} \leqslant 994$）范围内变化，其他 14 个生态功能价格不变，其影子价格（0）不变；

湿地生物多样性保护的价格 P_{24}（2998 元/公顷）在（ $-10^{30} \leqslant P_{24} \leqslant$ 39548）范围内变化，其他 14 个生态功能价格不变，其影子价格（0）不变。

"允许的增量"和"允许的减量"分析进一步展示了影响最优解（四大资源的生态补偿标准）和目标值（补偿总额）的主要生态功能是影子价格为正数的敏感的生态功能。

同时改变几个或所有函数约束的约束右端值（生态功能价格），如果这些变动的幅度不大，那么可以用影子价格预测变动产生的影响。计算出每一生态功能价格变动量占该约束值允许变动量的百分比（即增加量占允许增量的百分比或减少量占允许减量的百分比），而后将各个系数的变动百分比相加，如果所得的和不超过 100%，那么影子价格还是有效的，如果所得的和超过 100%，那就无法确定影子价格是否有效。

第四节　北京市农业资源生态补偿制度现状

前面运用本书建立的线性规划模型，以北京市的数据为例，阐释如何构建与农业资源"生产"生态功能和价值完全挂钩的生态补偿标准。下面，本书再做一点延伸性的阐述，以说明本书研究的实用价值。

从 2006 年开始，北京市统计局在全国率先发布《北京市农业生态服务价值监测公报》，而早在 2004 年 8 月北京市就下发了《北京市人民政府关于建立山区生态林补偿机制的通知》，开始了对农业进行生态补偿的探索。

一 北京农业生态价值评估体系建设的进展

2008 年，北京市统计局、国家统计局北京调查总队、市园林绿化局、市水务局等部门联合组成课题组，在中国科学院、中国林业科学院、北京师范大学、北京天合数维科技有限公司等研究机构、院校、专家大力支持下，经过近两年的共同研究，按照国际通用的《湿地公约》定义和《全国湿地资源调查技术规程》（试行）确定了北京湿地的分类；在此基础上，采用更加系统合理的指标体系，改进和完善了北京 2007 年至 2008 年原有森林、农田、草地三大生态系统生态服务价值的指标体系框架和测算方法，建立了森林、农田、草地、湿地四大生态系统的生态服务价值新的评估体系。新的评估体系显示：

（1）北京市农业已经由其单一功能（生产）转向多种功能（生产、生活、生态）。在北京市农业生态服务价值评价监测体系中，直接经济价值主要体现生产功能；间接经济价值主要体现生活功能，而生态与环境价值主要体现生态价值。

（2）在北京市农业生态服务价值评价监测体系中，农业生态环境服务价值占有绝对优势，2009—2013 年农业生态环境服务价值年值比重均在 55% 左右，贴现值比重均在 84% 左右。而间接经济价值又明显高于直接经济价值，2009—2013 年农业间接经济价值年值和贴现值比重均是农业直接价值的 3 倍左右。

（3）2009—2013 年，北京市农业生态服务价值以年均 3.8% 的速度增长，2013 年年值达到 3449.8 亿元，贴现值达到 9431 亿元。北京市农业发展将更加注重发挥生态功能作用，依托生态优势资源，加快休闲、观光、体验、度假等农业生活功能的建设，使其成为生态服务价值的主要增长点。

二　北京市农业生态补偿制度运行现状与不足

北京市农业为北京贡献着巨大的生态与环境价值，而北京农民直接得到的却只有40%左右的直接经济价值和间接经济价值，理论与实践都期待着北京农业生态补偿制度的建立与实施。2004年北京市开始实施对山区生态林补偿政策，2012年又开始对平原种树进行生态补偿。

北京市对林地生态补偿政策的实施取得了比较明显的成效。表2－8显示，北京市森林面积从2005年的619243.2公顷增加至2015年的744956.1公顷，年均增长1.87%；森林覆盖率从2006年的35.9%增加至2015年的41.6%，9年增加了5.7个百分点；林木绿化率从2004年的49.5%增加至2015年的59.0%，11年增加了9.5个百分点。

表2－8　　　　　　　　2004—2015年北京市林木绿化率、
森林面积、森林覆盖率变化

年份	林木绿化率（%）	森林面积（公顷）	森林覆盖率（%）
2004	49.5		
2005	50.5	619243.2	
2006	51.0	626006.3	35.9
2007	51.6	636565.7	36.5
2008	52.1	641368.3	36.5
2009	52.6	658914.1	36.7
2010	53.0	666050.7	37.0
2011	54.0	673411.8	37.6
2012	55.5	691341.1	38.6
2013	57.4	716456.1	40.1
2014	58.4	734530.6	41.0
2015	59.0	744956.1	41.6

资料来源：北京市统计局、国家统计局北京调查总队：《北京统计年鉴》，中国统计出版社2016年版。

但是，北京市农业生态补偿制度尚存在一些不足之处。主要的问题是：对农业生态补偿标准的确定始终未能与农业生态价值的评估结果挂钩。具体表现为：

（一）同一农业生态资源补偿标准不一致

北京市所实施的对农业生态补偿的政策（主要针对林地管理）有两类：一类是 2004 年开始对山区生态林管理的农民按照约 315 元/亩·年给予的生态补偿（2010 年后增加了 10%）；另一类是 2012 年开始对平原种树管护费按 1500—2000 元/亩·年给予的补偿，二者相去甚远。山区和平原补偿标准的显著差距，反映两个决策不是将农业的生态价值作为确定生态补偿标准的主要依据。

（二）对农业生态资源补偿单一

北京市统计局每年发布的《北京市农业生态服务价值监测公报》建立了较为完善的林地、农田、草地、湿地四大农业生态资源的生态价值测算指标体系，四大农业资源对优化北京市的生态环境共同发挥着重要的功能和作用。

但是，北京市对农业的生态补偿仅限于林地资源，而对农田、草地、湿地三大生态资源尚没有给予生态补偿（2006 年开始的种粮补贴不属于生态补偿范畴）。北京市四大农业生态资源的实际拥有量也呈现出林地资源面积持续增长，而其他三大资源面积持续递减的态势。至 2011 年，北京市四大农业生态资源拥有量的比例为林地面积∶农田面积∶草地面积∶湿地面积 = 2126∶451∶174∶1。由于四大农业生态资源拥有量比例严重失调，本书依据上述建立的模型对 2011 年北京市农业生态资源进行测算的结果显示①，北京市农业生态资源的稀缺程度依次以湿地—草地—农田—林地递减，测算出的对湿地、草地、农田三大资源的生态补偿标准应大大高于对林地的生态补偿标准，特别是最为稀缺的湿地资源，测算出的生态补偿标准应当是林地的数千倍。

① 2014 年笔者运用前面建立的思路和方法，对北京市 2011 年的农业资源生态补偿标准进行了测算。2011 年北京市林地、农田和草地面积与 2015 年差距不大，而湿地面积已经锐减至 496 公顷，2016 年北京市湿地面积恢复至 5.14 万公顷，是 2011 年的 104 倍。

（三）对农业生态补偿还停留在农业生态资源的整体层面

北京市农业生态补偿还停留在农业生态资源整体层面，尚未细化到影响农业生态价值更深入的层面。要使农业生态补偿标准真正体现农业生态价值，这些深入与细分是必不可少的。例如：

（1）各类农业生态资源内不同管理效率对农业生态价值的创造存在显著差异。如果生态补偿标准不加区别，平均发放，将导致农民对提高管理效率、提高生态价值创造的积极性不高。

（2）同一类农业生态资源内不同结构的资源的生态价值也存在较大差异。如果生态补偿标准不加区别，难以引导农民执行旨在提高生态价值的农业资源结构的规划安排。

（3）农业内部本身也会对生态环境产生负面影响，农业资源内不同自我修复水平对农业生态价值影响的差异不言而喻。如果生态补偿标准不加区别，将会加大农业内部对农业生态环境的负面影响。

上述关于"对农业生态补偿还停留在农业生态资源的整体层面"的三点不足，涉及本书三个子课题的研究内容，也是本书子课题研究的价值所在。

三　北京市农业生态资源与补偿制度进展近况

（一）北京市政府对笔者相关建议的批复意见

2014年12月8日，笔者的一篇题为《进一步完善农业生态功能补偿制度的建议》的研究报告被北京市哲学社会科学规划办公室成果要报第34期刊用。该报告主要内容是提出了前述关于北京市农业生态补偿机制存在的主要问题，并相应提出了"采用科学的方法体系""建立系统完整的生态补偿标准体系""进一步完善农业生态补偿制度"等对策建议。

这些建议得到北京市政府领导的重视。北京市副市长林克庆对该报告签署意见："请×××、×××、×××同志阅。所提建议很好，望认真研处，可当面感谢，征求两位教授的意见。有情况望报。12.16"。影印件见图2-3。

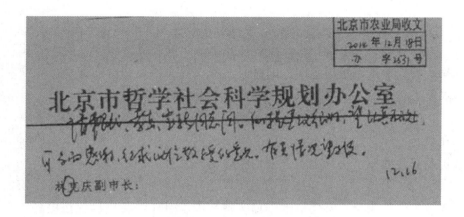

图 2 - 3　北京市副市长林克庆对成果要报的批复意见（2014 年 12 月 16 日）

（二）《北京市湿地保护条例》获得通过与湿地面积的迅猛增长①

《北京市湿地保护条例》已由北京市第十三届人民代表大会常务委员会第 37 次会议于 2012 年 12 月 27 日通过，于 2013 年 5 月 1 日正式施行。

2011 年，北京市湿地的面积已经锐减至 496 公顷。近年来，北京市园林绿化部门通过打造湿地自然保护区、建设湿地公园、实施湿地恢复工程等项目，构建湿地保护体系，湿地面积不断扩大。截至 2016 年 9 月，建立了野鸭湖、汉石桥等 6 个湿地自然保护区，总面积 2.11 万公顷。建立了翠湖国家城市湿地公园、野鸭湖国家湿地公园和长沟国家湿地公园，批建了怀柔区琉璃庙、大兴长子营等 7 个市级湿地公园，总面积 2400 余公顷。组织开展了延庆曹官营、密云清水河、房山拒马河黑鹳、房山佛子庄以及怀柔喇叭沟门湿地保护小区示范建设，总面积 1345 公顷。同时，围绕平原地区百万亩造林、中小河道治理工程以及农业结构调整，北运河、永定河流域综合治理等，实施一系列湿地恢复及建设工程，"十二五"期间累计恢复建设湿地 4800 余公顷。北京市以自然保护区为基础，湿地公园为主体，自然保护区

---

① 王晓易：《北京市湿地面积已达 5.14 万公顷》，《中国经济网（北京）》2016 年 9 月 18 日。

小区为补充的湿地保护体系基本形成，湿地生态功能得到优化，生态质量显著提升。

据北京市园林绿化局统计，至 2016 年 9 月，全市湿地总面积已达 5.14 万公顷，占国土面积的 3.13%，是 2011 年湿地面积 496 公顷的 104 倍。其中，河流、沼泽等天然湿地 2.38 万公顷，占 46.4%；蓄水区、水塘、灌溉沟渠、水田等人工湿地 2.76 万公顷，占 53.6%。

不仅如此，京津冀协同发展和疏解北京非首都功能为北京市湿地保护、恢复与建设提供了新的发展机遇。"十三五"期间，将在北部地区，以妫水河—官厅水库、翠湖—温榆河、潮白河、泃河为重点，加快湿地恢复和建设。在南部地区，以房山长沟—琉璃河、大兴长子营、通州马驹桥—于家务为节点，恢复和建设大面积、集中连片生态湿地和湿地公园，在总体上构建"一核、三横、四纵"的湿地布局，恢复湿地 8000 公顷，新增湿地 3000 公顷，全市湿地面积增加 5% 以上，60% 以上湿地将受到有效保护和管理，使全市湿地生态质量进一步改善，湿地生态功能不断完善，湿地保护管理能力全面提升。

尽管如此，依据本书表 2 - 5 的测算结果，在北京农业四大生态资源中，湿地依然是最稀缺的资源，2015 年北京市对湿地的生态补偿标准应是林地的 23.7 倍。北京市湿地恢复和建设，有待于北京市湿地生态补偿机制的健全与完善。

第五节　不同条件下的农业生态补偿标准研究主要内容

以下各章，本书将对不同条件下的农业生态补偿标准进行研究，研究内容如表 2 - 9 所示。第三章研究农业资源内不同的结构生态补偿标准；第四章研究农业资源内不同管理效率生态补偿标准；第五章研究农业资源内不同自我修复水平生态补偿标准。

表 2 - 9　　　　不同条件下的农业生态补偿标准研究的主要内容

章节	不同的条件	农业资源划定范围	不同条件的具体分类	主要影响变量	研究目的
第三章	各类农业资源内不同的结构生态补偿标准	具体到某一类资源，如森林	同一类资源的细分类型	a_{ij}，y_i	同一类农业资源内部不同结构的不同生态补偿标准
第四章	各类农业资源内不同管理效率生态补偿标准	具体到某一类资源，如森林	同一类资源管理效率的不同类型	a_{ij}，y_i	同一类农业资源内部不同管理效率的不同生态补偿标准
第五章	各类农业资源内不同自我修复水平生态补偿标准	具体到某一类资源，如农田	同一类资源自我修复水平的不同类型	x_j，a_{ij}，y_i	同一类农业资源内部不同自我修复水平的不同生态补偿标准（或处罚标准）

第三章　农业资源内不同的结构
生态补偿标准研究

　　研究农业资源内不同结构生态补偿标准，本书集中于对林地生态系统中不同类型林地的生态补偿标准进行研究。采用刘艳 2016 年的研究成果[①]所提供的辽宁省不同林地生态功能与价值的基础数据。相比较而言，刘艳的研究林地分类比较细致，提供的数据比较全面。

第一节　辽宁省林地资源的品种与面积

表 3 - 1　　　　　　　　　辽宁省林地资源的品种与面积

林地分类	林地分类	林地细分种类	面积（10^4 公顷）
乔木林	针叶林	落叶松林	40.77
		红松	5.06
		樟子松	3.49
		油松	48.02
		云杉	0.32
		其他针叶类	2.21
	阔叶林	栎类	82.18
		桦树	0.64
		杨树	38.87
		其他阔叶类	46.51

---

　　① 刘艳：《辽宁省森林生态系统碳储量及生态系统服务功能价值计量》，博士学位论文，北京林业大学，2016 年。

续表

林地分类	林地分类	林地细分种类	面积（10^4 公顷）
乔木林	针叶混交林	针叶混交林	3.14
	阔叶混交林	阔叶混交林	104.16
	针阔混交林	针阔混交林	14.25
经济林	经济林	经济林	127.59
疏林、灌木林	疏林、灌木林	疏林、灌木林	78.98
总计			596.19

第二节 辽宁省林地资源生态功能与价值基础数据测算

依据相关研究，在这里将测算林地"生产"的主要生态功能 x_i 设定为六大类：调节大气成分功能、水源涵养功能、环境净化功能、营养物质积累功能、土壤保持功能和生物多样性保护功能，每大类功能的细分功能指标如表 3 - 2 所示。

表 3 - 2　　　　　林地资源"生产"的主要生态功能

调节大气成分功能	X_1 释氧量（吨）
	X_2 固碳量（吨）
水源涵养功能	X_3 林冠层截留量（吨）
	X_4 枯落物层持水量（吨）
	X_5 土壤层蓄水量（吨）
	X_6 净化水质量（吨）
环境净化功能	X_7 吸收二氧化硫量（吨）
	X_8 吸收氟化物量（吨）
	X_9 吸收氮氧化物量（吨）
	X_{10} 吸收重金属镉量（吨）

续表

环境净化功能	X_{11}吸收重金属铅量（吨）
	X_{12}吸收重金属镍量（吨）
	X_{13}阻滞粉尘量（吨）
	X_{14}提供负离子量（10 本个）
营养物质积累功能	X_{15}固氮量（吨）
	X_{16}固磷量（吨）
	X_{17}固钾量（吨）维持
土壤保持功能	X_{18}减少土壤侵蚀量（吨）
	X_{19}减少土壤有机质损失量（吨）
	X_{20}减少土壤氮肥损失量（吨）
	X_{21}减少土壤磷肥损失量（吨）
	X_{22}少土壤钾肥损失量（吨）
	X_{23}减少泥沙淤积量（吨）
生物多样性保护功能	X_{24}生物多样性保护价值（元）

以下的工作，首先是要确定第二章表 2 – 1 中的 a_{ij} 与 P_j 的具体数值。

一　调节大气成分功能与价值

（1）利用树种生物量推算生产力是估算林地释氧固碳潜力的主要方法之一。本书研究采用刘艳 2016 年的研究成果，利用已有的生物量—生产力回归模型，计算不同林地类型的生产力。

（2）释氧服务功能计算公式如下：

$$G_i = 1.19 \times B_i$$

式中，G_i 为第 i 种林地类型植被年释氧量（吨），B_i 为第 i 种林地类型林分净生产力（吨/公顷），1.19 为计算系数。

（3）固碳服务功能计算公式如下：

$$G_i = 0.4445 \times B_i$$

式中，G_i 为第 i 种林地类型植被年固碳量（吨），B_i 为第 i 种林地类型林分净生产力（吨/公顷），0.4445 为 1.63 与 27.27%（二氧化碳中的碳含量）的乘积。

（4）释氧功能价格 1000 元/吨，固碳功能价格 1200 元/吨。即
$P_1 = 1000$ 元/吨，$P_2 = 1200$ 元/吨。

综上所述，依据刘艳 2016 年的研究成果，可得到不同类型林地
单位面积释氧量、固碳量及其线性规划原问题矩阵，见表 3-3。

表 3-3　　　　　不同类型林地单位面积释氧量、固碳量及其
线性规划原问题矩阵

	林地类型	平均生产力（吨/公顷）	单位面积释氧量（吨/公顷）	单位面积固碳量（吨/公顷）	a_{i1}	a_{i2}
Y_1	落叶松林	12.8	15.23	5.69	0.07	0.18
Y_2	红松	13.2	15.71	5.87	0.06	0.17
Y_3	樟子松	11.23	13.36	4.99	0.07	0.20
Y_4	油松	5.18	6.16	2.30	0.16	0.43
Y_5	云杉	11.28	13.42	5.01	0.07	0.20
Y_6	其他针叶类	5.9	7.02	2.62	0.14	0.38
Y_7	栎类	10.52	12.52	4.68	0.08	0.21
Y_8	桦树	8.85	10.53	3.93	0.09	0.25
Y_9	杨树	10.43	12.41	4.64	0.08	0.22
Y_{10}	其他阔叶类	9.8	11.66	4.36	0.09	0.23
Y_{11}	针叶混交林	11.32	13.47	5.03	0.07	0.20
Y_{12}	阔叶混交林	15.82	18.83	7.03	0.05	0.14
Y_{13}	针阔混交林	11.26	13.40	5.01	0.07	0.20
Y_{14}	经济林	9.2	10.95	4.09	0.09	0.24
Y_{15}	疏林灌木林	8.75	10.41	3.89	0.10	0.26
			P_j		1000	1200

二　水源涵养功能与价值

林地涵养水源主要体现在通过林冠层截留、枯落物层持水和土壤
层蓄水而带来的调节水源和净化水质功能与价值。

（1）林冠截留量是指由于林冠截留作用而未进入土壤的那部分降
水量。计算公式为：

$$Q_i = m \times \alpha_i$$

式中，Q_i 为第 i 种林地类型单位面积（公顷）林冠层年截留量（吨/公顷）；m 为平均年降水量（毫米），辽宁省平均降水量为 684.8 毫米；α_i 为第 i 种林地类型的林冠截留率（%）。

（2）枯落物层持水量计算公式为：

$$Q_i = L_i \times R_i$$

式中，Q_i 为第 i 种林地类型单位面积（公顷）枯落物层持水量（吨/公顷）；L_i 为第 i 种林地类型单位面积枯落物蓄积量（吨/公顷）；R_i 为第 i 种林地类型枯落物最大持水率（%）。

（3）土壤层蓄水量计算公式为：

$$Q_i = \gamma_i \times H_i$$

式中，Q_i 为第 i 种林地类型单位面积（公顷）土壤层蓄水量（吨/公顷）；γ_i 为第 i 种林地类型的土壤非毛管孔隙度（%）；H_i 为第 i 种森林类型土壤厚度（米）。

（4）水源涵养价值主要包括调节水量价值和净化水质价值。调整水量价格采用水库的库容造价 6.1107 元/吨；净化水质的价格采用生活用水价格 3 元/吨。

综上所述，依据刘艳 2016 年的研究成果，可得到不同类型林地单位林冠层年截留量、枯落物最大持水量和土壤层有效持水量，见表 3－4。

表 3－4　　　不同类型林地单位林冠层年截留量、枯落物
最大持水量和土壤层有效持水量

林地类型	林冠层年截留量（吨/公顷）	枯落物最大持水量（吨/公顷）	土壤层有效持水量（吨/公顷）	总持水量（吨/公顷）
落叶松林	175.5	52.4	535.4	763.3
红松	182.7	37.8	548.2	768.7
樟子松	191.9	20.7	474.9	687.6
油松	189.8	16.6	494.7	701.0
云杉	225.7	66.7	515.3	807.7

续表

林地类型	林冠层年截留量 （吨/公顷）	枯落物最大持水量 （吨/公顷）	土壤层有效持水量 （吨/公顷）	总持水量 （吨/公顷）
其他针叶类	191.2	41.3	585.7	818.2
栎类	200.0	20.9	520.3	741.2
桦树	147.6	43.4	553.9	744.9
杨树	200.3	17.6	449.5	667.4
其他阔叶类	138.5	27.0	559.9	725.4
针叶混交林	158.7	52.2	558	769.0
阔叶混交林	216.9	26.1	514.9	757.9
针阔混交林	183.5	23.8	512.5	719.8
经济林	193.7	18.6	467.6	679.9
疏林灌木林	172.5	13.6	464.7	650.8

由表 3-4 进而可得不同类型林地水源涵养功能与价值线性规划原问题矩阵，见表 3-5。

表 3-5　不同类型林地水源涵养功能与价值线性规划原问题矩阵

林地类型		调整水量 1 a_{i3}（公顷/吨）	调整水量 2 a_{i4}（公顷/吨）	调整水量 3 a_{i5}（公顷/吨）	净化水质 a_{i6}（公顷/吨）
Y_1	落叶松林	0.0057	0.0191	0.0019	0.0013
Y_2	红松	0.0055	0.0264	0.0018	0.0013
Y_3	樟子松	0.0052	0.0483	0.0021	0.0015
Y_4	油松	0.0053	0.0604	0.0020	0.0014
Y_5	云杉	0.0044	0.0150	0.0019	0.0012
Y_6	其他针叶类	0.0052	0.0242	0.0017	0.0012
Y_7	栎类	0.0050	0.0478	0.0019	0.0013
Y_8	桦树	0.0068	0.0230	0.0018	0.0013
Y_9	杨树	0.0050	0.0568	0.0022	0.0015
Y_{10}	其他阔叶类	0.0072	0.0370	0.0018	0.0014
Y_{11}	针叶混交林	0.0063	0.0191	0.0018	0.0013
Y_{12}	阔叶混交林	0.0046	0.0383	0.0019	0.0013

续表

| 林地类型 | | 调整水量1 | 调整水量2 | 调整水量3 | 净化水质 |
		a_{i3}（公顷/吨）	a_{i4}（公顷/吨）	a_{i5}（公顷/吨）	a_{i6}（公顷/吨）
Y_{13}	针阔混交林	0.0054	0.0420	0.0020	0.0014
Y_{14}	经济林	0.0052	0.0537	0.0021	0.0015
Y_{15}	疏林灌木林	0.0058	0.0737	0.0022	0.0015
P_j（元/吨）		6.1107	6.1107	6.1107	3.00

三　环境净化功能与价值

林地净化环境功能选取吸收大气污染物、阻滞粉尘、释放负离子评价指标进行评估。

（1）采用面积—吸收能力法估算林地对污染气体二氧化硫的吸收净化功能与价值。计算公式为：

$$U_i = B_i \times C_1$$

式中，U_i 为第 i 种林地类型吸收二氧化硫价值（元）；B_i 为第 i 种林地类型单位面积吸收二氧化硫量（吨/公顷）；C_1 为治理二氧化硫的费用（元/吨）。根据《中国生物多样性国情研究报告》（1998），可知阔叶林、针叶林、针阔混交林、经济林以及疏林、灌木林对二氧化硫的吸收能力分别为88.65、215.60、152.13、76、60.20（千克/公顷）。二氧化硫排污费收费标准采用国家发展改革委、财政部、环境保护部《关于调整排污费征收标准等有关问题的通知》（发改价格〔2014〕2008号）二氧化硫排污费收费标准，为1263元/吨，即 $P_7 = 1263$ 元/吨。

（2）采用面积—吸收能力法，估算林地对氟化物的吸收净化功能与价值。计算公式为：

$$U_i = B_i \times C_2$$

式中，U_i 为第 i 种林地类型吸收氟化物的价值（元）；B_i 为第 i 种林地类型单位面积吸收氟化物量（吨/公顷）；C_2 为治理二氧化硫的费用（元/吨）。据北京市环境保护科学研究所（2000）的测定，阔叶林、针叶林的吸氟能力分别为4.65、0.5（千克/公顷），针阔混交林采用针叶林和阔叶林的平均值为 2.575（千克/公顷），疏林、灌木林采用针叶林的吸氟能力为 0.5（千克/公顷），经济林为 1.68（千克/公顷）。氟化物治理费用采用 2003 年国家发展计划委员会、财政部、国家环保总局、国家经济贸易委员会第 31 号令《排污费征收标准及计算方法》中氟化物排污费收费标准，为 690 元/吨，即 $P_8 = 690$ 元/吨。

（3）采用面积—吸收能力法估算林地对氮氧化物的吸收净化功能与价值。计算公式为：

$$U_i = B_i \times C_3$$

式中，U_i 为第 i 种林地类型吸收氮氧化物的价值（元）；B_i 为第 i 种林地类型单位面积吸收氮氧化物量（吨/公顷）；C_3 为治理氮氧化物的费用（元/吨）。依据韩国科学技术处 1993 年相关研究成果，单位面积林地对氮氧化物的平均吸收量为 6.0 千克/公顷，氮氧化物治理费用采用国家发改委、财政部、环境保护部《关于调整排污费征收标准等有关问题的通知》（发改价格〔2014〕2008 号）中氮氧化物排污费收费标准，为 1263 元/吨，即 $P_9 = 1263$ 元/吨。

（4）采用面积—吸收能力法，估算林地对重金属的吸收净化功能与价值。计算公式为：

$$U_i = B_i \times C_4$$

其中，U_i 为第 i 种林地类型吸收重金属的价值（元）；B_i 为第 i 种林地类型单位面积吸收重金属量（吨/公顷）；C_4 为防治污染工程中削减重金属的成本（元/吨）。针叶林、阔叶林、针阔混交林吸收镉能力分别为 0.0109、0.0189、0.0205（千克/公顷），吸收铅能力分别为 0.2968、0.5125、0.5562（千克/公顷），吸收镍能力分别为 0.0664、0.1146、0.1244（千克/公顷）。重金属治理费用采用 2003 年国家发展计划委员会等四部委第 31 号令《排污费征收标准及计算方法》中镉及其化合物、铅及其化合物、镍及其化合物排污费收费标准分别为 20000、30000、4615（元/吨），即 $P_{10} = 20000$ 元/吨、$P_{11} = 30000$ 元/吨、$P_{12} = 4615$ 元/吨。

综上所述，依据刘艳 2016 年的研究成果，可得到不同类型林地单位面积对各类污染物吸收量，见表 3-6。

表 3 - 6 不同类型林地单位面积对各类污染物吸收量

林地类型	吸收二氧化硫（吨/公顷）	吸收氟化物（吨/公顷）	吸收氮氢化物（吨/公顷）	吸收镉（吨/公顷）	吸收铅（吨/公顷）	吸收镍（吨/公顷）
落叶松林	0.22	0.001	0.006	1.1E - 05	5.3E - 07	6.6E - 05
红松	0.22	0.001	0.006	1.1E - 05	4.3E - 06	6.6E - 05
樟子松	0.22	0.001	0.006	1.1E - 05	6.2E - 06	6.6E - 05
油松	0.22	0.001	0.006	1.1E - 05	4.5E - 07	6.6E - 05
云杉	0.22	0.001	0.006	9.4E - 06	6.7E - 05	6.8E - 05
其他针叶类	0.22	0.001	0.006	1.1E - 05	9.8E - 06	6.7E - 05
栎类	0.09	0.005	0.006	1.9E - 05	1.1E - 07	1.1E - 04
桦树	0.09	0.005	0.006	1.9E - 05	1.4E - 05	1.2E - 04
杨树	0.09	0.005	0.006	1.9E - 05	2.3E - 07	1.1E - 04
其他阔叶类	0.09	0.005	0.006	1.9E - 05	1.9E - 05	1.1E - 04
针叶混交林	0.22	0.001	0.006	1.1E - 05	6.9E - 06	6.6E - 05
阔叶混交林	0.09	0.005	0.006	1.9E - 05	8.5E - 08	1.1E - 04
针阔混交林	0.15	0.003	0.006	2.0E - 05	1.1E - 06	1.2E - 04
经济林	0.08	0.002	0.006	1.9E - 05	6.0E - 08	1.1E - 04
疏林灌木林	0.06	0.001	0.006	1.9E - 05	7.6E - 08	1.1E - 04

由表 3 - 6 进而可得不同类型林地吸收各类污染物功能与价值线性规划原问题矩阵，见表 3 - 7。

表 3 - 7 不同类型林地吸收各类污染物功能与价值线性规划原问题矩阵

林地类型		吸收二氧化硫 a_{i7}	吸收氟化物 a_{i8}	吸收氮氢化物 a_{i9}	吸收镉 a_{i10}	吸收铅 a_{i11}	吸收镍 a_{i12}
y_1	落叶松林	4.64	2000	167	91824	1891002	15064
y_2	红松	4.64	2000	167	92000	234694	15066
y_3	樟子松	4.64	2000	167	91842	161874	15053
y_4	油松	4.64	2000	167	91816	2227273	15055
y_5	云杉	4.64	2000	167	106667	14842	14768
y_6	其他针叶类	4.64	2000	167	92083	102505	14999

林地类型		吸收二氧化硫	吸收氟化物	吸收氮氢化物	吸收镉	吸收铅	吸收镍
		a_{i7}	a_{i8}	a_{i9}	a_{i10}	a_{i11}	a_{i12}
y_7	栎类	11.28	215	167	52917	9270164	8725
y_8	桦树	11.28	215	167	53333	72194	8687
y_9	杨树	11.28	215	167	52884	4384658	8725
y_{10}	其他阔叶类	11.28	215	167	52912	5246474	8725
y_{11}	针叶混交林	4.64	2000	167	92353	145640	15095
y_{12}	阔叶混交林	11.28	215	167	52900	11749577	8726
y_{13}	针阔混交林	6.57	388	167	48801	936699	8040
y_{14}	经济林	13.16	595	167	52920	16788158	8725
y_{15}	疏林灌木林	16.61	2000	167	52900	13119601	8726
P_j		1263	690	1263	20000	30000	4615

（5）林地阻滞粉尘的价值的计算公式为：

$$U_i = B_i \times C_5$$

式中，U_i 为第 i 种林地类型阻滞粉尘的价值（元）；B_i 为第 i 种林地类型单位面积阻滞粉尘量（吨/公顷）；C_8 为防治污染工程中削减粉尘的成本（元/吨）。根据《中国生物多样性国情研究报告》（1998）中研究，针叶林、阔叶林的滞尘能力分别为 33.20、10.11（吨/公顷），针阔混交林采用针叶林和阔叶林的平均值为 21.66（吨/公顷），削减粉尘的成本为 150 元/吨，即 $P_{13} = 150$ 元/吨。

（6）林地年提供负离子的价值通过市场上生产负离子的成本来计算，即通过负离子发生器的价格、使用寿命、耗电量等相关指标折算成经济价值。采用计算公式为：

$$U_i = 52.56 \times 10^{14} \times H_i \times K\ (Q_i - 600)\ /L$$

其中，U_i 为第 i 种林地类型年提供负离子的价值（元）；H_i 为第 i 种林地类型林区高度（米）；K 为负离子生产费用（元/个）；Q_i 为第 i 种林地类型负离子浓度（个/立方厘米）；L 为负离子在空气中的存活时间（分钟）。负离子生产费用根据 KLD - 2000 型负离子发生器每生产 10^{18} 个负离子的成本为 5.8185 元得出，负离子在空气中的存活时间为 10 分钟。已有的研究结果表明，针叶林平均负离子浓度为 1507 个/立方厘米，阔叶林为 1161 个/立方厘米，针阔混交林的平均负离子浓度按其平均值计算为 1334 个/立方厘米。此外，根据森林资源调查规划设计数据，乔木林、经济林、灌木林的平均高度分别取 15 米、5 米、1.5 米。依据刘艳 2016 年的研究成果，可取 $P_{14} = 27.204$ 元/10^{20} 个。

综上所述，依据刘艳 2016 年的研究成果，可得到不同类型林地单位面积滞尘量与提供负离子量及其线性规划原问题矩阵，见表 3 – 8。

表 3 – 8　　　不同类型林地单位面积滞尘量与提供负离子量
及其线性规划原问题矩阵

	林地细分种类	滞尘量（吨/公顷）	提供负离子量（10^{20} 个/公顷）	a_{il3}	a_{il4}
y_1	落叶松林	0.00332	1.19	301.21	0.84
y_2	红松	0.00332	1.19	301.21	0.84
y_3	樟子松	0.00332	1.19	301.21	0.84
y_4	油松	0.00332	1.19	301.21	0.84
y_5	云杉	0.00332	1.19	301.21	0.84
y_6	其他针叶类	0.00332	1.19	301.21	0.84
y_7	栎类	0.00101	0.92	989.12	1.09
y_8	桦树	0.00101	0.92	989.12	1.09
y_9	杨树	0.00101	0.92	989.12	1.09
y_{10}	其他阔叶类	0.00101	0.92	989.12	1.09
y_{11}	针叶混交林	0.00332	1.19	301.21	0.84
y_{12}	阔叶混交林	0.00101	0.92	989.12	1.09
y_{13}	针阔混交林	0.00217	1.05	461.67	0.95
y_{14}	经济林	0.00101	0.31	989.12	3.28
y_{15}	疏林、灌木林	0.00101	0.92	989.12	1.09
	P_j			150.00	27.20

四　营养物质积累功能与价值

（1）林地营养物质积累，计算公式为：

$$G_{Ni} = B_i \times N$$

$$G_{Pi} = B_i \times P$$

$$G_{Ki} = B_i \times K$$

式中，G_{Ni} 为第 i 种林地类型固氮量（吨），G_{Pi} 为第 i 种林地类型固磷量（吨），G_{Ki} 为第 i 种林地类型固钾量（吨）；N 为林木含氮量（％），P 为林木含磷量（％），K 为林木含钾量（％）；B_i 为第 i 种林地类型林分净生产力（吨/公顷）。林木含氮量为 0.19％，林木含磷量为 0.03％，林木含钾量为 0.08％。

（2）林木营养物质年积累价值通过把林木每年吸收的氮、磷、钾营养物质折合成磷酸二铵和氯化钾化肥的价格得到，计算公式如下：

$$U_i = G_{Ni} \times C_1 / R_1 + G_{Pi} \times C_1 / R_2 + G_{Ki} \times C_2 / R_3$$

式中，U_i 为第 i 种林地类型营养物质积累价值（元）；G_{Ni} 为第 i 种林地类型年固氮量（吨），G_{Pi} 为第 i 种林地类型固磷量（吨），G_{Ki} 为第 i 种林地类型固钾量（吨）；R_1 为磷酸二铵含氮量（％），为 14％，R_2 为磷酸二铵含磷量（％），为 15.01％，R_3 为氯化钾含钾量（％），为 50％；C_1 为磷酸二铵价格，取 2400 元/吨，C_2 为氯化钾价格，取 2200 元/吨。由此可得，$P_{15} = 17142.9$ 元/吨，$P_{16} = 15989.3$ 元/吨，$P_{17} = 4400$ 元/吨。

综上所述，依据刘艳 2016 年的研究成果，可得到不同类型林地单位面积固氮量、固磷量、固钾量及其线性规划原问题矩阵，见表 3 - 9。

表 3 - 9　　　　　不同类型林地单位面积固氮量、固磷量、
固钾量及其线性规划原问题矩阵

		固氮量（吨）	固磷量（吨）	固钾量（吨）	a_{il5}	a_{il6}	a_{il7}
Y_1	落叶松林	0.0243	0.0038	0.0102	41.12	260.42	97.66
Y_2	红松	0.0251	0.0040	0.0106	39.87	252.52	94.70
Y_3	樟子松	0.0213	0.0034	0.0090	46.87	296.82	111.31
Y_4	油松	0.0098	0.0016	0.0041	101.61	643.50	241.31

续表

		固氮量（吨）	固磷量（吨）	固钾量（吨）	a_{i15}	a_{i16}	a_{i17}
Y_5	云杉	0.0214	0.0034	0.0090	46.66	295.48	110.80
Y_6	其他针叶类	0.0112	0.0018	0.0047	89.21	564.93	211.87
Y_7	栎类	0.0200	0.0032	0.0084	50.03	316.86	118.82
Y_8	桦树	0.0168	0.0027	0.0071	59.47	376.69	141.25
Y_9	杨树	0.0198	0.0031	0.0083	50.46	319.59	119.85
Y_{10}	其他阔叶类	0.0186	0.0029	0.0078	53.71	340.14	127.55
Y_{11}	针叶混交林	0.0215	0.0034	0.0091	46.49	294.48	110.42
Y_{12}	阔叶混交林	0.0301	0.0047	0.0127	33.27	210.70	79.01
Y_{13}	针阔混交林	0.0214	0.0034	0.0090	46.74	296.03	111.01
Y_{14}	经济林	0.0175	0.0028	0.0074	57.21	362.32	135.87
Y_{15}	疏林灌木林	0.0166	0.0026	0.0070	60.15	380.95	142.86
P_j					17143	15989	4400

五　土壤保持功能与价值

林地生态系统土壤保持功能主要从减少土壤侵蚀、保持土壤肥力及减少径流泥沙量三方面进行评估。

（1）林地土壤保持量通过无林地土壤侵蚀程度与有林地土壤侵蚀程度之差得到，计算公式为：

$$Q = X_1 - X_2$$

式中，Q 为某种类型林地年固土量（吨），X_1、X_2 分别为无林地、有林地土壤侵蚀模数（吨/公顷）。辽宁省每年无林地土壤侵蚀模数为 28.34（吨/公顷）；有林地的土壤侵蚀模数分别为：针叶林 7.8（吨/公顷）、阔叶林 0.5（吨/公顷）、针阔混交林 4.15（吨/公顷）、灌木林为 0.52（吨/公顷）。林地土壤保持量换算为林业面积，计算公式如下：

$$R = \frac{Q}{BH} \times \frac{1}{10000}$$

式中，R 为某种类型林地土壤保持面积（公顷）；Q 为该种类型林地年固土量（吨）；B 为土壤容量（克/立方厘米），取 1.25（克/

立方厘米）；H 为土壤厚度（米），按 0.5 米计算。

单位面积林地土壤保持量（公顷）的价格按林业的机会成本以全国林业生产的平均收益 282.17 元/公顷计算，即 P_{18} = 282.17 元/公顷。

（2）土壤侵蚀使土壤中有机质、氮、磷、钾等营养物质流失，使得土壤肥力下降，为保持土壤肥力，需要增加化肥的施用量。计算减少土壤肥力损失价值方面主要考虑侵蚀土壤中氮、磷、钾和有机质这四种营养成分，根据市场价值法使用替代价格将它们分别折合成磷酸二铵、氯化钾和有机质的价值来计算。计算公式如下：

$$U_i = Q_i \times (NC_1/R_1 + PC_1/R_2 + KC_2/R_3 + MC_3)$$

式中，U_i 为第 i 种林地类型减少土壤肥力损失价值（元），Q_i 为第 i 种林地类型年固土量（吨），N 为土壤含氮量（%），P 为土壤含磷量（%），K 为土壤含钾量（%），M 为土壤有机质含量（%），R_1 为磷酸二铵含氮量（%），为 14%，R_2 为磷酸二铵含磷量（%），为 15.01%，R_3 为氯化钾含钾量（%），为 50%，C_1 为磷酸二铵价格，取 2400 元/吨，C_2 为氯化钾价格，取 2200 元/吨，C_3 为有机质价格，取 320 元/吨。

由此可得，P_{19} = 320 元/吨，P_{20} = 17142.9 元/吨，P_{21} = 15989.3 元/吨，P_{22} = 4400 元/吨。

（3）减少泥沙淤积价值采用影子工程法，根据水库库容的蓄水成本计算林地生态系统减少泥沙淤积的经济效益，公式如下：

$$U_i = \frac{Q_i}{B} \times P \times C$$

式中，U_i 是第 i 种林地类型减少泥沙淤积的经济效益（元），Q_i 为第 i 种林地类型年固土量（吨），B 为土壤容量（克/立方厘米），取 1.25（克/立方厘米），P 为进入河道、水库中的泥沙占泥沙流失量的比例（%），碳为水库的库容造价（元/吨）。水库的库容造价采用 6.1107 元/吨，即 P_{23} = 6.1107 元/吨。

综上所述，依据刘艳 2016 年的研究成果，可得到不同类型林地单位面积减少土壤侵蚀量、保持土壤肥力量和减少泥沙淤积量，见表 3 - 10。

表 3 – 10　　　　　　　不同类型林地单位面积减少土壤侵蚀量、
保持土壤肥力量和减少泥沙淤积量

林地类型	减少土壤侵蚀量（公顷）	含有机质量（吨）	含氮量（吨）	含磷量（吨）	含钾量（吨）	减少泥沙淤积量（吨）
落叶松林	0.0033	0.778	0.024	0.018	0.327	4.108
红松	0.0033	0.796	0.024	0.014	0.289	4.108
樟子松	0.0033	0.668	0.011	0.006	0.332	4.108
油松	0.0033	0.417	0.010	0.009	0.353	4.108
云杉	0.0033	0.969	0.031	0.031	0.344	4.106
其他针叶类	0.0033	0.783	0.045	0.014	0.285	4.108
栎类	0.0045	0.601	0.021	0.011	0.592	5.568
桦树	0.0045	1.672	0.047	0.031	0.453	5.569
杨树	0.0045	0.564	0.015	0.013	0.380	5.568
其他阔叶类	0.0045	1.406	0.046	0.031	0.504	5.568
针叶混交林	0.0033	1.010	0.029	0.016	0.347	4.108
阔叶混交林	0.0045	1.407	0.048	0.030	0.561	5.568
针阔混交林	0.0039	1.199	0.039	0.013	0.381	4.838
经济林	0.0045	0.700	0.042	0.028	0.459	5.568
疏林灌木林	0.0045	0.519	0.012	0.009	0.410	5.564

　　由表 3 – 10 进而可得不同类型林地土壤保持功能与价值线性规划原问题矩阵，见表 3 – 11。

表 3 – 11　　　不同类型林地土壤保持功能与价值线性规划原问题矩阵

林地类型		a_{i18}	a_{i19}	a_{i20}	a_{i21}	a_{i22}	a_{i23}
Y_1	落叶松林	304.28	1.29	42.47	55.09	3.06	0.24
Y_2	红松	304.29	1.26	42.17	72.29	3.47	0.24
Y_3	樟子松	304.30	1.50	87.25	174.50	3.01	0.24
Y_4	油松	304.28	2.40	96.04	111.67	2.84	0.24
Y_5	云杉	304.41	1.03	32.00	32.00	2.91	0.24
Y_6	其他针叶类	304.31	1.28	22.10	73.67	3.51	0.24
Y_7	栎类	224.50	1.66	46.69	91.31	1.69	0.18

续表

	林地类型	a_{i18}	a_{i19}	a_{i20}	a_{i21}	a_{i22}	a_{i23}
Y_8	桦树	224.47	0.60	21.33	32.00	2.21	0.18
Y_9	杨树	224.50	1.77	68.19	79.33	2.63	0.18
Y_{10}	其他阔叶类	224.50	0.71	21.94	32.52	1.98	0.18
Y_{11}	针叶混交林	304.26	0.99	34.89	62.80	2.88	0.24
Y_{12}	阔叶混交林	224.50	0.71	20.87	32.86	1.78	0.18
Y_{13}	针阔混交林	258.37	0.83	25.45	75.00	2.62	0.21
Y_{14}	经济林	224.50	1.43	23.67	36.25	2.18	0.18
Y_{15}	疏林灌木林	224.66	1.93	84.92	114.46	2.44	0.18
P_j		282.2	320.0	17142.9	15989.3	4400	6.1107

六 生物多样性保护功能与价值

采用《森林生态系统服务功能评估规范》中的 Shannon – Wienner 指数 S 来评估林地生物多样性保护功能与价值。计算公式为：

$$U_i = S_i \times A_i$$

式中，U_i 是第 i 种林地类型生物多样性保护价值（元/公顷），S_i 为第 i 种林地类型单位面积生物多样性保护价值（元/公顷），A_i 为第 i 种林地类型的面积（公顷）。取 $P_{24} = 1$（元/公顷）。

综上，依据刘艳 2016 年的研究成果，可得不同类型林地单位面积生物多样性保护单价及其线性规划原问题矩阵，见表 3 – 12。

表 3 – 12   不同类型林地单位面积生物多样性保护
功能及其线性规划原问题矩阵

	林地类型	Shannon – Wienner 指数等级	单价（元/公顷）	a_{i24}
Y_1	落叶松林	IV	20000	0.00005
Y_2	红松	III	30000	3.3E – 05
Y_3	樟子松	III	30000	3.3E – 05
Y_4	油松	IV	20000	0.00005
Y_5	云杉	III	30000	3.3E – 05

续表

	林地类型	Shannon – Wienner 指数等级	单价（元/公顷）	a_{i24}
Y_6	其他针叶类	IV	20000	0.00005
Y_7	栎类	III	30000	3.3E – 05
Y_8	桦树	IV	20000	0.00005
Y_9	杨树	IV	20000	0.00005
Y_{10}	其他阔叶类	III	30000	3.3E – 05
Y_{11}	针叶混交林	III	30000	3.3E – 05
Y_{12}	阔叶混交林	IV	20000	0.00005
Y_{13}	针阔混交林	III	30000	3.3E – 05
Y_{14}	经济林	VI	5000	0.00020
Y_{15}	疏林灌木林	VII	3000	0.00033
	P_j			1

第三节　辽宁省各类林地资源生态功能与价值线性规划矩阵汇总

将前面的结果汇总，就得到辽宁省各类林地资源主要生态功能与价值线性规划原问题矩阵，见表 3 – 13。

表 3 – 13　辽宁省各类林地资源主要生态功能与价值线性规划原问题

		调节大气成分		水源涵养				环境净化
		释氧量（吨）	固碳量（吨）	林冠层年截留量（吨）	枯落物最大持水量（吨）	土壤层有效持水量（吨）	净化水质量（吨）	吸收二氧化硫（吨）
Y_1	落叶松林	0.07	0.18	0.006	0.019	0.002	0.001	4.6
Y_2	红松	0.06	0.17	0.005	0.026	0.002	0.001	4.6

续表

		调节大气成分		水源涵养				环境净化
		释氧量（吨）	固碳量（吨）	林冠层年截留量（吨）	枯落物最大持水量（吨）	土壤层有效持水量（吨）	净化水质量（吨）	吸收二氧化硫（吨）
Y_3	樟子松	0.07	0.20	0.005	0.048	0.002	0.001	4.6
Y_4	油松	0.16	0.43	0.005	0.060	0.002	0.001	4.6
Y_5	云杉	0.07	0.20	0.004	0.015	0.002	0.001	4.6
Y_6	其他针叶类	0.14	0.38	0.005	0.024	0.002	0.001	4.6
Y_7	栎类	0.08	0.21	0.005	0.048	0.002	0.001	11.3
Y_8	桦树	0.09	0.25	0.007	0.023	0.002	0.001	11.3
Y_9	杨树	0.08	0.22	0.005	0.057	0.002	0.001	11.3
Y_{10}	其他阔叶类	0.09	0.23	0.007	0.037	0.002	0.001	11.3
Y_{11}	针叶混交林	0.07	0.20	0.006	0.019	0.002	0.001	4.6
Y_{12}	阔叶混交林	0.05	0.14	0.005	0.038	0.002	0.001	11.3
Y_{13}	针阔混交林	0.07	0.20	0.005	0.042	0.002	0.001	6.6
Y_{14}	经济林	0.09	0.24	0.005	0.054	0.002	0.001	13.2
Y_{15}	疏林灌木林	0.10	0.26	0.006	0.074	0.002	0.002	16.6
生态功能价格 P_j		1000	1200	6.1107	6.1107	6.1107	3	1263
		$X_1 \geq 0$	$X_2 \geq 0$	$X_3 \geq 0$	$X_4 \geq 0$	$X_5 \geq 0$	$X_6 \geq 0$	$X_7 \geq 0$

		环境净化						
		吸收氟化物（吨）	吸收氮氢化物（吨）	吸收镉（吨）	吸收铅（吨）	吸收镍（吨）	滞尘量（吨）	提供负离子量（10^{20}个）
Y_1	落叶松林	2000	167	91824	1891002	15064	301.21	0.84
Y_2	红松	2000	167	92000	234694	15066	301.21	0.84
Y_3	樟子松	2000	167	91842	161874	15053	301.21	0.84
Y_4	油松	2000	167	91816	2227273	15055	301.21	0.84
Y_5	云杉	2000	167	106667	14842	14768	301.21	0.84
Y_6	其他针叶类	2000	167	92083	102505	14999	301.21	0.84
Y_7	栎类	215	167	52917	9270164	8725	989.12	1.09
Y_8	桦树	215	167	53333	72194	8687	989.12	1.09
Y_9	杨树	215	167	52884	4384658	8725	989.12	1.09
Y_{10}	其他阔叶类	215	167	52912	5246474	8725	989.12	1.09

续表

		环境净化						
		吸收氟化物（吨）	吸收氮氢化物（吨）	吸收镉（吨）	吸收铅（吨）	吸收镍（吨）	滞尘量（吨）	提供负离子量（10^{20}个）
Y_{11}	针叶混交林	2000	167	92353	145640	15095	301.21	0.84
Y_{12}	阔叶混交林	215	167	52900	11749577	8726	989.12	1.09
Y_{13}	针阔混交林	388	167	48801	936699	8040	461.67	0.95
Y_{14}	经济林	595	167	52920	16788158	8725	989.12	3.28
Y_{15}	疏林灌木林	2000	167	52900	13119601	8726	989.12	1.09
生态功能价格 P_j		690	1263	20000	30000	4615	150	27.20
		$X_8 \geqslant 0$	$X_9 \geqslant 0$	$X_{10} \geqslant 0$	$X_{11} \geqslant 0$	$X_{12} \geqslant 0$	$X_{13} \geqslant 0$	$X_{14} \geqslant 0$

		营养物质积累			土壤保持			
		固氮量（吨）	固磷量（吨）	固钾量（吨）	减少土壤侵蚀量（公顷）	含有机质量（吨）	含氮量（吨）	含磷量（吨）
Y_1	落叶松林	41.1	260.4	97.7	304.3	1.3	42.5	55.1
Y_2	红松	39.9	252.5	94.7	304.3	1.3	42.2	72.3
Y_3	樟子松	46.9	296.8	111.3	304.3	1.5	87.3	174.5
Y_4	油松	101.6	643.5	241.3	304.3	2.4	96.0	111.7
Y_5	云杉	46.7	295.5	110.8	304.4	1.0	32.0	32.0
Y_6	其他针叶类	89.2	564.9	211.9	304.3	1.3	22.1	73.7
Y_7	栎类	50.0	316.9	118.8	224.5	1.7	46.7	91.3
Y_8	桦树	59.5	376.7	141.2	224.5	0.6	21.3	32.0
Y_9	杨树	50.5	319.6	119.8	224.5	1.8	68.2	79.3
Y_{10}	其他阔叶类	53.7	340.1	127.6	224.5	0.7	21.9	32.5
Y_{11}	针叶混交林	46.5	294.3	110.4	304.3	1.0	34.9	62.8
Y_{12}	阔叶混交林	33.3	210.7	79.0	224.5	0.7	20.9	32.9
Y_{13}	针阔混交林	46.7	296.0	111.0	258.4	0.8	25.4	75.0
Y_{14}	经济林	57.2	362.3	135.9	224.5	1.4	23.7	36.2
Y_{15}	疏林灌木林	60.2	381.0	142.9	224.7	1.9	84.9	114.5
生态功能价格 P_j		17143	15989	4400	282.2	320	17143	15989
		$X_{15} \geqslant 0$	$X_{16} \geqslant 0$	$X_{17} \geqslant 0$	$X_{18} \geqslant 0$	$X_{19} \geqslant 0$	$X_{20} \geqslant 0$	$X_{21} \geqslant 0$

		土壤保持		生物多样性			林地总面积（公顷）	
		含钾量（吨）	减少泥沙淤积量（吨）	生物多样性（元）	$a_{ij}x_j$			
Y_1	落叶松林	3.1	0.24	0.00005	≤		407700	
Y_2	红松	3.5	0.24	0.00003	≤		50600	
Y_3	樟子松	3.0	0.24	0.00003	≤		34900	
Y_4	油松	2.8	0.24	0.00005	≤		480200	
Y_5	云杉	2.9	0.24	0.00003	≤		3200	
Y_6	其他针叶类	3.5	0.24	0.00005	≤		22100	
Y_7	栎类	1.7	0.18	0.00003	≤		821800	
Y_8	桦树	2.2	0.18	0.00005	≤		6400	
Y_9	杨树	2.6	0.18	0.00005	≤		388700	
Y_{10}	其他阔叶类	2.0	0.18	0.00003	≤		465100	
Y_{11}	针叶混交林	2.9	0.24	0.00003	≤		31400	
Y_{12}	阔叶混交林	1.8	0.18	0.00005	≤		1041600	
Y_{13}	针阔混交林	2.6	0.21	0.00003	≤		142500	
Y_{14}	经济林	2.2	0.18	0.00020	≤		1275900	
Y_{15}	疏林灌木林	2.4	0.18	0.00033	≤		789800	
生态功能价格 P_j		4400	6.1107	1				
		$X_{22} \geq 0$	$X_{23} \geq 0$	$X_{24} \geq 0$				

$$\max Z = \sum_{j=1}^{n} p_j x_j$$

表 3 - 13 的对偶问题即为表 3 - 14。

表 3 - 14　辽宁省各类林地资源主要生态功能与价值线性规划对偶问题

		Y_1	Y_2	Y_3	Y_4		P_j
		落叶松	红松	樟子松	油松		
	生态功能/B_i 资源总量（公顷）	407700	50600	34900	480200		
X_1	释氧量（吨）	0.07	0.06	0.07	0.16	≥	1000

续表

		Y_1	Y_2	Y_3	Y_4		P_j
		落叶松	红松	樟子松	油松		
X_2	固碳量（吨）	0.18	0.17	0.20	0.43	≥	1200
X_3	林冠层年截留量（吨）	0.006	0.005	0.005	0.005	≥	6.1107
X_4	枯落物最大持水量（吨）	0.019	0.026	0.048	0.060	≥	6.1107
X_5	土壤层有效持水量（吨）	0.002	0.002	0.002	0.002	≥	6.1107
X_6	净化水质量（吨）	0.001	0.001	0.001	0.001	≥	3
X_7	吸收二氧化硫（吨）	4.6	4.6	4.6	4.6	≥	1263
X_8	吸收氟化物（吨）	2000	2000	2000	2000	≥	690
X_9	吸收氮氢化物（吨）	167	167	167	167	≥	1263
X_{10}	吸收镉（吨）	91824	92000	91842	91816	≥	20000
X_{11}	吸收铅（吨）	1891002	234694	161874	2227273	≥	30000
X_{12}	吸收镍（吨）	15064	15066	15053	15055	≥	4615
X_{13}	滞尘量（吨）	301.21	301.21	301.21	301.21	≥	150
X_{14}	提供负离子量（10^{20}个）	0.84	0.84	0.84	0.84	≥	27.20
X_{15}	固氮量（吨）	41.1	39.9	46.9	101.6	≥	17143
X_{16}	固磷量（吨）	260.4	252.5	296.8	643.5	≥	15989
X_{17}	固钾量（吨）	97.7	94.7	111.3	241.3	≥	4400
X_{18}	减少土壤侵蚀量（公顷）	304.3	304.3	304.3	304.3	≥	282.2
X_{19}	含有机质量（吨）	1.3	1.3	1.5	2.4	≥	320.0
X_{20}	含氮量（吨）	42.5	42.2	87.3	96.0	≥	17143
X_{21}	含磷量（吨）	55.1	72.3	174.5	111.7	≥	15989
X_{22}	含钾量（吨）	3.1	3.5	3.0	2.8	≥	4400
X_{23}	减少泥沙淤积量（吨）	0.24	0.24	0.24	0.24	≥	6.1107
X_{24}	生物多样性（元）	0.00005	0.00003	0.00003	0.00005	≥	1
		Y_5	Y_6	Y_7	Y_8		P_j
		云杉	其他针叶类	栎类	桦树		
生态功能/B_i 资源总量（公顷）		3200	22100	821800	6400		
X_1	释氧量（吨）	0.07	0.14	0.08	0.09	≥	1000
X_2	固碳量（吨）	0.20	0.38	0.21	0.25	≥	1200
X_3	林冠层年截留量（吨）	0.004	0.005	0.005	0.007	≥	6.1107
X_4	枯落物最大持水量（吨）	0.015	0.024	0.048	0.023	≥	6.1107

		Y_5	Y_6	Y_7	Y_8		P_j
		云杉	其他针叶类	栎类	桦树		
X_5	土壤层有效持水量（吨）	0.002	0.002	0.002	0.002	≥	6.1107
X_6	净化水质量（吨）	0.001	0.001	0.001	0.001	≥	3
X_7	吸收二氧化硫（吨）	4.6	4.6	11.3	11.3	≥	1263
X_8	吸收氟化物（吨）	2000	2000	215	215	≥	690
X_9	吸收氮氢化物（吨）	167	167	167	167	≥	1263
X_{10}	吸收镉（吨）	106667	92083	52917	53333	≥	20000
X_{11}	吸收铅（吨）	14842	102505	9270164	72194	≥	30000
X_{12}	吸收镍（吨）	14768	14999	8725	8687	≥	4615
X_{13}	滞尘量（吨）	301.21	301.21	989.12	989.12	≥	150
X_{14}	提供负离子量（10^{20}个）	0.84	0.84	1.09	1.09	≥	27.20
X_{15}	固氮量（吨）	46.7	89.2	50.0	59.5	≥	17143
X_{16}	固磷量（吨）	295.5	564.9	316.9	376.7	≥	15989
X_{17}	固钾量（吨）	110.8	211.9	118.8	141.2	≥	4400
X_{18}	减少土壤侵蚀量（公顷）	304.4	304.3	224.5	224.5	≥	282.2
X_{19}	含有机质量（吨）	1.0	1.3	1.7	0.6	≥	320.0
X_{20}	含氮量（吨）	32.0	22.1	46.7	21.3	≥	17143
X_{21}	含磷量（吨）	32.0	73.7	91.3	32.0	≥	15989
X_{22}	含钾量（吨）	2.9	3.5	1.7	2.2	≥	4400
X_{23}	减少泥沙淤积量（吨）	0.24	0.24	0.18	0.18	≥	6.1107
X_{24}	生物多样性（元）	0.00003	0.00005	0.00003	0.00005	≥	1
		Y_9	Y_{10}	Y_{11}	Y_{12}		P_j
		杨树	其他阔叶类	针叶混交林	阔叶混交林		
生态功能/B_i	资源总量（公顷）	388700	465100	31400	1041600		
X_1	释氧量（吨）	0.08	0.09	0.07	0.05	≥	1000
X_2	固碳量（吨）	0.22	0.23	0.20	0.14	≥	1200
X_3	林冠层年截留量（吨）	0.005	0.007	0.006	0.005	≥	6.1107
X_4	枯落物最大持水量（吨）	0.057	0.037	0.019	0.038	≥	6.1107
X_5	土壤层有效持水量（吨）	0.002	0.002	0.002	0.002	≥	6.1107
X_6	净化水质量（吨）	0.001	0.001	0.001	0.001	≥	3

续表

		Y_9	Y_{10}	Y_{11}	Y_{12}		P_j
		杨树	其他阔叶类	针叶混交林	阔叶混交林		
X_7	吸收二氧化硫（吨）	11.3	11.3	4.6	11.3	≥	1263
X_8	吸收氟化物（吨）	215	215	2000	215	≥	690
X_9	吸收氮氢化物（吨）	167	167	167	167	≥	1263
X_{10}	吸收镉（吨）	52884	52912	92353	52900	≥	20000
X_{11}	吸收铅（吨）	4384658	5246474	145640	11749577	≥	30000
X_{12}	吸收镍（吨）	8725	8725	15095	8726	≥	4615
X_{13}	滞尘量（吨）	989.12	989.12	301.21	989.12	≥	150
X_{14}	提供负离子量（10^{20}个）	1.09	1.09	0.84	1.09	≥	27.20
X_{15}	固氮量（吨）	50.5	53.7	46.5	33.3	≥	17143
X_{16}	固磷量（吨）	319.6	340.1	294.5	210.7	≥	15989
X_{17}	固钾量（吨）	119.8	127.6	110.4	79.0	≥	4400
X_{18}	减少土壤侵蚀量（公顷）	224.5	224.5	304.3	224.5	≥	282.2
X_{19}	含有机质量（吨）	1.8	0.7	1.0	0.7	≥	320.0
X_{20}	含氮量（吨）	68.2	21.9	34.9	20.9	≥	17143
X_{21}	含磷量（吨）	79.3	32.5	62.8	32.9	≥	15989
X_{22}	含钾量（吨）a.m.	2.6	2.0	2.9	1.8	≥	4400
X_{23}	减少泥沙淤积量（吨）	0.18	0.18	0.24	0.18	≥	6.1107
X_{24}	生物多样性（元）	0.00005	0.00003	0.00003	0.00005	≥	1

		Y_{13}	Y_{14}	Y_{15}			P_j
		针阔混交林	经济林	疏林灌木林			
生态功能/B_i	资源总量（公顷）	142500	1275900	789800			
X_1	释氧量（吨）	0.07	0.09	0.10		≥	1000
X_2	固碳量（吨）	0.20	0.24	0.26		≥	1200
X_3	林冠层年截留量（吨）	0.005	0.005	0.006		≥	6.1107
X_4	枯落物最大持水量（吨）	0.042	0.054	0.074		≥	6.1107
X_5	土壤层有效持水量（吨）	0.002	0.002	0.002		≥	6.1107
X_6	净化水质量（吨）	0.001	0.001	0.002		≥	3
X_7	吸收二氧化硫（吨）	6.6	13.2	16.6		≥	1263

		Y_{13}	Y_{14}	Y_{15}			P_j
		针阔混交林	经济林	疏林灌木林			
X_8	吸收氟化物（吨）	388	595	2000		≥	690
X_9	吸收氮氢化物（吨）	167	167	167		≥	1263
X_{10}	吸收镉（吨）	48801	52920	52900		≥	20000
X_{11}	吸收铅（吨）	936699	16788158	13119601		≥	30000
X_{12}	吸收镍（吨）	8040	8725	8726		≥	4615
X_{13}	滞尘量（吨）	461.67	989.12	989.12			150
X_{14}	提供负离子量（10^{20}个）	0.95	3.28	1.09		≥	27.20
X_{15}	固氮量（吨）	46.7	57.2	60.2		≥	17143
X_{16}	固磷量（吨）	296.0	362.3	381.0		≥	15989
X_{17}	固钾量（吨）	111.0	135.9	142.9		≥	4400
X_{18}	减少土壤侵蚀量（公顷）	258.4	224.5	224.7		≥	282.2
X_{19}	含有机质量（吨）	0.8	1.4	1.9		≥	320.0
X_{20}	含氮量（吨）	25.4	23.7	84.9		≥	17143
X_{21}	含磷量（吨）	75.0	36.2	114.5		≥	15989
X_{22}	含钾量（吨）a.m.	2.6	2.2	2.4		≥	4400
X_{23}	减少泥沙淤积量（吨）	0.21	0.18	0.18		≥	6.1107
X_{24}	生物多样性（元）	0.00003	0.00020	0.00033		≥	1

$$\min W = \sum_{i=1}^{4} b_i y_i$$

第四节　辽宁省各类林地资源生态补偿标准最优解及其敏感性分析

一　辽宁省各类林地资源生态补偿标准线性规划最优解

运用 Excel 表求解表 3-14 线性规划问题，得到可满足所有约束条件及最优状况的一组解，如表 3-15 所示。

表 3 – 15　辽宁省各类林地资源主要生态功能生态补偿标准线性规划最优解

		Y_1	Y_2	Y_3	Y_4	
		落叶松	红松	樟子松	油松	
生态功能/B_i	资源总量（公顷）	407700	50600	34900	480200	
X_1	释氧量（吨）	0.07	0.06	0.07	0.16	
X_2	固碳量（吨）	0.18	0.17	0.20	0.43	
X_3	林冠层年截留量（吨）	0.006	0.005	0.005	0.005	
X_4	枯落物最大持水量（吨）	0.019	0.026	0.048	0.060	
X_5	土壤层有效持水量（吨）	0.002	0.002	0.002	0.002	
X_6	净化水质量（吨）	0.001	0.001	0.001	0.001	
X_7	吸收二氧化硫（吨）	4.6	4.6	4.6	4.6	
X_8	吸收氟化物（吨）	2000	2000	2000	2000	
X_9	吸收氮氢化物（吨）	167	167	167	167	
X_{10}	吸收镉（吨）	91824	92000	91842	91816	
X_{11}	吸收铅（吨）	1891002	234694	161874	2227273	
X_{12}	吸收镍（吨）	15064	15066	15053	15055	
X_{13}	滞尘量（吨）	301.21	301.21	301.21	301.21	
X_{14}	提供负离子量（10^{20}个）	0.84	0.84	0.84	0.84	
X_{15}	固氮量（吨）	41.1	39.9	46.9	101.6	
X_{16}	固磷量（吨）	260.4	252.5	296.8	643.5	
X_{17}	固钾量（吨）	97.7	94.7	111.3	241.3	
X_{18}	减少土壤侵蚀量（公顷）	304.3	304.3	304.3	304.3	
X_{19}	含有机质量（吨）	1.3	1.3	1.5	2.4	
X_{20}	含氮量（吨）	42.5	42.2	87.3	96.0	
X_{21}	含磷量（吨）	55.1	72.3	174.5	111.7	
X_{22}	含钾量（吨）	3.1	3.5	3.0	2.8	
X_{23}	减少泥沙淤积量（吨）	0.24	0.24	0.24	0.24	
X_{24}	生物多样性（元）	0.00005	0.00003	0.00003	0.00005	
Y_i	补偿标准（元/公顷）	0	0	0	0	
		Y_5	Y_6	Y_7	Y_8	
		云杉	其他针叶类	栎类	桦树	
生态功能/B_i	资源总量（公顷）	3200	22100	821800	6400	
X_1	释氧量（吨）	0.07	0.14	0.08	0.09	
X_2	固碳量（吨）	0.20	0.38	0.21	0.25	

续表

		Y_5	Y_6	Y_7	Y_8	
		云杉	其他针叶类	栎类	桦树	
X_3	林冠层年截留量（吨）	0.004	0.005	0.005	0.007	
X_4	枯落物最大持水量（吨）	0.015	0.024	0.048	0.023	
X_5	土壤层有效持水量（吨）	0.002	0.002	0.002	0.002	
X_6	净化水质量（吨）	0.001	0.001	0.001	0.001	
X_7	吸收二氧化硫（吨）	4.6	4.6	11.3	11.3	
X_8	吸收氟化物（吨）	2000	2000	215	215	
X_9	吸收氮氢化物（吨）	167	167	167	167	
X_{10}	吸收镉（吨）	106667	92083	52917	53333	
X_{11}	吸收铅（吨）	14842	102505	9270164	72194	
X_{12}	吸收镍（吨）	14768	14999	8725	8687	
X_{13}	滞尘量（吨）	301.21	301.21	989.12	989.12	
X_{14}	提供负离子量（10^{20}个）	0.84	0.84	1.09	1.09	
X_{15}	固氮量（吨）	46.7	89.2	50.0	59.5	
X_{16}	固磷量（吨）	295.5	564.9	316.9	376.7	
X_{17}	固钾量（吨）	110.8	211.9	118.8	141.2	
X_{18}	减少土壤侵蚀量（公顷）	304.4	304.3	224.5	224.5	
X_{19}	含有机质量（吨）	1.0	1.3	1.7	0.6	
X_{20}	含氮量（吨）	32.0	22.1	46.7	21.3	
X_{21}	含磷量（吨）	32.0	73.7	91.3	32.0	
X_{22}	含钾量（吨）	2.9	3.5	1.7	2.2	
X_{23}	减少泥沙淤积量（吨）	0.24	0.24	0.18	0.18	
X_{24}	生物多样性（元）	0.00003	0.00005	0.00003	0.00005	
Y_i 补偿标准（元/公顷）		30000	0	0	0	

		Y_9	Y_{10}	Y_{11}	Y_{12}	
		杨树	其他阔叶类	针叶混交林	阔叶混交林	
生态功能/B_i 资源总量（公顷）		388700	465100	31400	1041600	
X_1	释氧量（吨）	0.08	0.09	0.07	0.05	
X_2	固碳量（吨）	0.22	0.23	0.20	0.14	
X_3	林冠层年截留量（吨）	0.005	0.007	0.006	0.005	

续表

		Y_9	Y_{10}	Y_{11}	Y_{12}	
		杨树	其他阔叶类	针叶混交林	阔叶混交林	
X_4	枯落物最大持水量（吨）	0.057	0.037	0.019	0.038	
X_5	土壤层有效持水量（吨）	0.002	0.002	0.002	0.002	
X_6	净化水质量（吨）	0.001	0.001	0.001	0.001	
X_7	吸收二氧化硫（吨）	11.3	11.3	4.6	11.3	
X_8	吸收氟化物（吨）	215	215	2000	215	
X_9	吸收氮氢化物（吨）	167	167	167	167	
X_{10}	吸收镉（吨）	52884	52912	92353	52900	
X_{11}	吸收铅（吨）	4384658	5246474	145640	11749577	
X_{12}	吸收镍（吨）	8725	8725	15095	8726	
X_{13}	滞尘量（吨）	989.12	989.12	301.21	989.12	
X_{14}	提供负离子量（10^{20}个）	1.09	1.09	0.84	1.09	
X_{15}	固氮量（吨）	50.5	53.7	46.5	33.3	
X_{16}	固磷量（吨）	319.6	340.1	294.5	210.7	
X_{17}	固钾量（吨）	119.8	127.6	110.4	79.0	
X_{18}	减少土壤侵蚀量（公顷）	224.5	224.5	304.3	224.5	
X_{19}	含有机质量（吨）	1.8	0.7	1.0	0.7	
X_{20}	含氮量（吨）	68.2	21.9	34.9	20.9	
X_{21}	含磷量（吨）	79.3	32.5	62.8	32.9	
X_{22}	含钾量（吨）	2.6	2.0	2.9	1.8	
X_{23}	减少泥沙淤积量（吨）	0.18	0.18	0.24	0.18	
X_{24}	生物多样性（元）	0.00005	0.00003	0.00003	0.00005	
Y_i 补偿标准（元/公顷）		0	0	0	0	

		Y_{13}	Y_{14}	Y_{15}	$a_{ij}Y$	生态功能价格（元）P_j
		针阔混交林	经济林	疏林灌木林		
生态功能/B_i 资源总量（公顷）		142500	1275900	789800		
X_1	释氧量（吨）	0.07	0.09	0.10	2235	≥1000
X_2	固碳量（吨）	0.20	0.24	0.26	5983	≥1200
X_3	林冠层年截留量（吨）	0.005	0.005	0.006	133	≥6.1107

续表

生态功能/B_i 资源总量（公顷）	Y_{13} 针阔混交林	Y_{14} 经济林	Y_{15} 疏林灌木林	$a_{ij}Y$	生态功能价格（元）P_j
	142500	1275900	789800		
X_4 枯落物最大持水量（吨）	0.042	0.054	0.074	450	≥6.1107
X_5 土壤层有效持水量（吨）	0.002	0.002	0.002	58	≥6.1107
X_6 净化水质量（吨）	0.001	0.001	0.002	37	≥3
X_7 吸收二氧化硫（吨）	6.6	13.2	16.6	139147	≥1263
X_8 吸收氟化物（吨）	388	595	2000	60000000	≥690
X_9 吸收氮氢化物（吨）	167	167	167	5000000	≥1263
X_{10} 吸收镉（吨）	48801	52920	52900	3200000000	≥20000
X_{11} 吸收铅（吨）	936699	16788158	13119601	445269017	≥30000
X_{12} 吸收镍（吨）	8040	8725	8726	443040000	≥4615
X_{13} 滞尘量（吨）	461.67	989.12	989.12	9036171	≥150
X_{14} 提供负离子量（10^{20}个）	0.95	3.28	1.09	25250	≥27.20
X_{15} 固氮量（吨）	46.7	57.2	60.2	1399825	≥17143
X_{16} 固磷量（吨）	296.0	362.3	381.0	8864266	≥15989
X_{17} 固钾量（吨）	111.0	135.9	142.9	3324100	≥4400
X_{18} 减少土壤侵蚀量（公顷）	258.4	224.5	224.7	9132420	≥282.2
X_{19} 含有机质量（吨）	0.8	1.4	1.9	30968	≥320.0
X_{20} 含氮量（吨）	25.4	23.7	84.9	960000	≥17143
X_{21} 含磷量（吨）	75.0	36.2	114.5	960000	≥15989
X_{22} 含钾量（吨）	2.6	2.2	2.4	87273	≥4400
X_{23} 减少泥沙淤积量（吨）	0.21	0.18	0.18	7306	≥6.1107
X_{24} 生物多样性（元）	0.00003	0.00020	0.00033	1	≥1
Y_i 补偿标准（元/公顷）	0	0	0	96000000	

表 3-15 测算的结果表明，如果考虑全部生态功能指标，辽宁省各类林地资源补偿标准分别为云杉 30000 元/公顷，其他类型林地补偿标准均为 0 元/公顷。说明云杉是辽宁省各类林地中生态功能最稀缺的资源。其他类型林地面积的稀缺或冗余程度，需依据下面敏感性

分析的数据进行分析。

二　辽宁省各类林地资源生态补偿标准线性规划测算敏感性分析

表 3-16 显示了辽宁省各类林地资源生态补偿标准线性规划测算敏感性分析的具体数值。

表 3-16　　　　　辽宁省各类林地资源主要生态功能
生态补偿标准线性规划敏感性分析

可变单元格	终值 （最优解）	递减成本	目标式系数 （面积）	允许的 增量	允许的 减量
落叶松林	0	402900	407700	1E+30	402900
红松	0	47400	50600	1E+30	47400
樟子松	0	31700	34900	1E+30	31700
油松	0	475400	480200	1E+30	475400
云杉	30000	0	3200	1067	3200
其他针叶类	0	17300	22100	1E+30	17300
栎类	0	818600	821800	1E+30	818600
桦树	0	1600	6400	1E+30	1600
杨树	0	383900	388700	1E+30	383900
其他阔叶类	0	461900	465100	1E+30	461900
针叶混交林	0	28200	31400	1E+30	28200
阔叶混交林	0	1036800	1041600	1E+30	1036800
针阔混交林	0	139300	142500	1E+30	139300
经济林	0	1256700	1275900	1E+30	1256700
疏林灌木林	0	757800	789800	1E+30	757800

约束单元格	终值	阴影 价格	约束限 制值	允许的 增量	允许的 减量
释氧量（吨）	2235	0	1000	1235	1E+30
固碳量（吨）	5983	0	1200	4783	1E+30
林冠层年截留量（吨）	133	0	6	127	1E+30
枯落物最大持水量（吨）	450	0	6	444	1E+30
土壤层有效持水量（吨）	58	0	6	52	1E+30
净化水质量（吨）	37	0	3	34	1E+30

续表

约束单元格	终值	阴影价格	约束限制值	允许的增量	允许的减量
吸收二氧化硫（吨）	139147	0	1263	137884	1E+30
吸收氟化物（吨）	60000000	0	690	59999310	1E+30
吸收氮氢化物（吨）	5000000	0	1263	4998737	1E+30
吸收镉（吨）	3200000000	0	20000	3199980000	1E+30
吸收铅（吨）	445269017	0	30000	445239017	1E+30
吸收镍（吨）	443040000	0	4615	443035385	1E+30
滞尘量（吨）	9036171	0	150	9036021	1E+30
提供负离子量（10^{20}个）	25250	0	27	25223	1E+30
固氮量（吨）	1399825	0	17143	1382682	1E+30
固磷量（吨）	8864266	0	15989	8848277	1E+30
固钾量（吨）	3324100	0	4400	3319700	1E+30
减少土壤侵蚀量（公顷）	9132420	0	282	9132138	1E+30
含有机质量（吨）	30968	0	320	30648	1E+30
含氮量（吨）	960000	0	17143	942857	1E+30
含磷量（吨）	960000	0	15989	944011	1E+30
含钾量（吨）	87273	0	4400	82873	1E+30
减少泥沙淤积量（吨）	7306	0	6	7300	1E+30
生物多样性保护（元）	1	96000000	1	1E+30	0.55

1. 表3-16上半部的表格反映目标函数中系数变化对最优解的影响

（1）"终值"，即决策变量的终值，也就是最优解的值。辽宁省各类林地资源补偿标准分别为云杉30000元/公顷，其他类型林地补偿标准均为0元/公顷。

（2）"递减成本"，其绝对值表示目标函数中决策变量的系数必须改进多少，才能得到该决策变量的正数解（非零解）。表3-16显示，在辽宁省各类林地中云杉递减成本为0，其他各类林地递减成本均不为0。依据所给信息，作出表3-17。

表 3 - 17　　　从生态功能角度分析辽宁省各类林地稀缺（或冗余）状况

名称	递减成本	目标式系数	按递减成本改进	改进率（所需资源量占原资源量比例,%）	资源稀缺程度排序	按递减成本改进后终值	改进率×按递减成本改进后终值
落叶松林	402900	407700	4800	1.18	11	20000	236
红松	47400	50600	3200	6.32	6	30000	1896
樟子松	31700	34900	3200	9.17	5	30000	2751
油松	475400	480200	4800	1.00	12	20000	200
云杉	0	3200	3200	100.00	1	30000	30000
其他针叶类	17300	22100	4800	21.72	3	20000	4344
栎类	818600	821800	3200	0.39	15	30000	117
桦树	1600	6400	4800	75.00	2	20000	15000
杨树	383900	388700	4800	1.23	10	20000	246
其他阔叶类	461900	465100	3200	0.69	13	30000	207
针叶混交林	28200	31400	3200	10.19	4	30000	3057
阔叶混交林	1036800	1041600	4800	0.46	14	20000	92
针阔混交林	139300	142500	3200	2.25	8	30000	675
经济林	1256700	1275900	19200	1.50	9	3472	52
疏林灌木林	757800	789800	32000	4.05	7	1903	77

表 3 - 17 中"递减成本"和"目标式系数"即为表 3 - 16 上半部中的相应两列。"目标式系数"是辽宁省各类林地现有的面积，"递减成本"反映从生态功能角度各类林地的冗余面积；"按递减成本改进"，即"目标式系数 - 递减成本"，显示对冗余林地改进后所剩下的必要的面积；"改进率"，即"按递减成本改进/目标式系数 × 100%"，显示各类林地所需资源量占原资源量比例，这一比例的大小反映从生态功能角度分析，各类资源的稀缺与冗余程度。

表 3 - 17 显示，从生态功能角度分析，辽宁省各类林地中，最稀缺的资源是云杉（改进率 100%）。其他各类林地的稀缺程度依次是：桦树（改进率 75%），其他针叶类（改进率 21.72%），针叶混交林（改进率 10.19%），樟子松（改进率 9.17%），红松（改进率

6. 32%），疏林灌木林（改进率 4.05%），针阔混交林（改进率 2.25%），经济林（改进率 1.50%），杨树（改进率 1.23%），落叶松林（改进率 1.18%），油松（改进率 1.00%），其他阔叶类（改进率 0.69%），阔叶混交林（改进率 0.46%），栎类（改进率 0.39%）。稀缺程度与各类林地现有面积有关，也与每种林地"生产"生态功能的能力有关。例如稀缺程度最低的栎类，其现有面积（821800 公顷），面积数量低于经济林（1275900 公顷）和阔叶混交林（1041600 公顷）；对偶地，现有面积最大的经济林，稀缺程度（改进率 1.50%）排在 15 种类型林地中的第九位。

表 3 - 17 中"按递减成本改进后终值"是将各类林地的面积调整为小于等于其"按递减成本改进"的面积，其他类型林地面积不变，所测算的补偿标准的数值。面积调整后的林地类型补偿标准即为表 3 - 17 倒数第二列，这一列各行的数值是分别测算出来的，当某一类型林地这一数值为正时，其他类型的林地的补偿标准均为 0。本书将在第六章深入分析造成这一现象的原因。可以肯定的是，表 3 - 17 中"资源稀缺程度排序"是综合了各类型林地的面积和其"生产"生态功能的能力的比较，而"按递减成本改进后终值"是反映了各种类型林地"生产"生态功能的能力，与其现有林地面积无关。

表 3 - 17 中最后一列"改进率×按递减成本改进后终值"是本书建议的修正的补偿标准数值，其原因也将在第六章进行阐述。

（3）"允许的增量"和"允许的减量"，表示在目标函数中的系数在允许的增量和减量范围内变化时，最优解不变（这里给出的决策变量的允许变化范围是指其他条件不变，仅该决策变量变化时的允许变化范围）。那么，根据表 3 - 16 的数值，可以得到表 3 - 18。

表 3 - 18　辽宁省各类林地生态补偿标准线性规划最优解不变的允许范围

	各类林地名称	目标式系数（面积）	允许的增量	允许的减量	允许的最小值	允许的最大值
y_1	落叶松林	407700	1E + 30	402900	4800	1E + 30
y_2	红松	50600	1E + 30	47400	3200	1E + 30

续表

	各类林地名称	目标式系数（面积）	允许的增量	允许的减量	允许的最小值	允许的最大值
y_3	樟子松	34900	1E+30	31700	3200	1E+30
y_4	油松	480200	1E+30	475400	4800	1E+30
y_5	云杉	3200	1067	3200	1.7E−11	4267
y_6	其他针叶类	22100	1E+30	17300	4800	1E+30
y_7	栎类	821800	1E+30	818600	3200	1E+30
y_8	桦树	6400	1E+30	1600	4800	1E+30
y_9	杨树	388700	1E+30	383900	4800	1E+30
y_{10}	其他阔叶类	465100	1E+30	461900	3200	1E+30
y_{11}	针叶混交林	31400	1E+30	28200	3200	1E+30
y_{12}	阔叶混交林	1041600	1E+30	1036800	4800	1E+30
y_{13}	针阔混交林	142500	1E+30	139300	3200	1E+30
y_{14}	经济林	1275900	1E+30	1256700	19200	1E+30
y_{15}	疏林灌木林	789800	1E+30	757800	32000	1E+30

表 3-18 中的"目标式系数""允许的增量"和"允许的减量"即为表 3-16 上半部中的相应三列。"允许的最小值"即"目标式系数−允许的减量","允许的最大值"即"目标式系数+允许的增量","允许的最小值"和"允许的最大值"之间即为各类林地面积允许变化的范围。各类林地面积在其允许的范围内变化，其他各类林地面积不变，最优解不变。

（4）目标函数系数同时变动的百分之百法则。如果目标函数的系数（各类林地的现有面积）同时变动，计算出每一系数变动量占该系数最优域允许变动量的百分比（即增加量占允许增量的百分比或减少量占允许减量的百分比），而后将各个系数的变动百分比相加，如果所得的和不超过 100%，最优解不会改变，如果超过 100%，则不能确定最优解是否改变。

2. 表 3-16 下半部的表格反映约束条件右边变化对目标值的影响

（1）"终值"是约束条件左边的终值（即 $a_{ij}Y_i$ 的最后结果）。

（2）"影子价格"是指约束条件右边增加（或减少）一个单位，使目标值增加（或减少）的值。那么，根据表3-12的数值，可以得到：

X_{24}生物多样性保护的影子价格为96000000元，说明在允许范围内（$0.44744 \leqslant P_{24} \leqslant 10^{30}$），再增加或减少一个单位的$P_{24}$的价格（目前$P_{24}=1$元/公顷），目标值（最小补偿成本）将增加或减少96000000元。

其余生态功能的影子价格为0，说明再增加或减少一个单位的P_i的价格，目标值（最小补偿成本）不变。

通过生态功能的影子价格分析，可以了解在对辽宁省各类林地的农业生态补偿的总额中，生物多样性保护的生态功能发挥着主要作用。那么，如果考虑降低生态补偿总额，则可以在允许的范围内，降低生物多样性保护这一生态功能的价格。表3-19显示了降低敏感生态功能价格补偿标准与总额的测算结果。

表3-19　　降低敏感生态功能价格补偿标准与总额的测算结果

	Y_1	Y_2	Y_3	Y_4	Y_5	Y_6	Y_7	Y_8
	落叶松林	红松	樟子松	油松	云杉	其他针叶类	栎类	桦树
原数据	0	0	0	0	30000	0	0	0
生物多样性保护价格降至0.44744	0	0	0	0	13423	0	0	0

	Y_9	Y_{10}	Y_{11}	Y_{12}	Y_{13}	Y_{14}	Y_{15}	$a_{ij}Y$
	杨树	其他阔叶类	针叶混交林	阔叶混交林	针阔混交林	经济林	疏林灌木林	补偿总额
原数据	0	0	0	0	0	0	0	96000000
生物多样性保护价格降至0.44744	0	0	0	0	0	0	0	42954240

可以看到，将生物多样性保护功能价格降至允许的最小值0.44744元/公顷，云杉的生态补偿标准从30000元/公顷降至13423

元/公顷，补偿总额也从 96000000 元降至 42954240 元。

（3）"约束条件限制值"，指约束条件右边的值，即各生态功能的价格；"允许的增量"和"允许的减量"，表示约束条件右边在允许的增量和减量范围内变化时，影子价格不变（这里给出的约束条件右边的"允许变化范围"是指其他条件不变，仅该约束条件右边变化时的允许变化范围）。那么，根据表 3-16 的数值，可以得到表 3-20。

表 3-20　　各种生态功能价格变化其影子价格不变的允许范围

名称	约束限制值	允许的增量	允许的减量	允许的最小值	允许的最大值
释氧量（吨）	1000	1235	1E+30	−1E+30	2235
固碳量（吨）	1200	4783	1E+30	−1E+30	5983
林冠层年截留量（吨）	6	127	1E+30	−1E+30	133
枯落物最大持水量（吨）	6	444	1E+30	−1E+30	450
土壤层有效持水量（吨）	6	52	1E+30	−1E+30	58
净化水质量（吨）	3	34	1E+30	−1E+30	37
吸收二氧化硫（吨）	1263	137884	1E+30	−1E+30	139147
吸收氟化物（吨）	690	59999310	1E+30	−1E+30	60000000
吸收氮氢化物（吨）	1263	4998737	1E+30	−1E+30	5000000
吸收镉（吨）	20000	3199980000	1E+30	−1E+30	3200000000
吸收铅（吨）	30000	445239017	1E+30	−1E+30	445269017
吸收镍（吨）	4615	443035385	1E+30	−1E+30	443040000
滞尘量（吨）	150	9036021	1E+30	−1E+30	9036171
提供负离子量（10^{20}个）	27	25223	1E+30	−1E+30	25250
固氮量（吨）	17143	1382682	1E+30	−1E+30	1399825
固磷量（吨）	15989	8848277	1E+30	−1E+30	8864266
固钾量（吨）	4400	3319700	1E+30	−1E+30	3324100
减少土壤侵蚀量（公顷）	282	9132138	1E+30	−1E+30	9132420
含有机质量（吨）	320	30648	1E+30	−1E+30	30968
含氮量（吨）	17143	942857	1E+30	−1E+30	960000
含磷量（吨）	15989	944011	1E+30	−1E+30	960000
含钾量（吨）	4400	82873	1E+30	−1E+30	87273

名称	约束限制值	允许的增量	允许的减量	允许的最小值	允许的最大值
减少泥沙淤积量（吨）	6	7300	1E + 30	− 1E + 30	7306
生物多样性保护（元）	1	1E + 30	0.55	0.44744	1E + 30

表 3 – 20 中，"约束限制值""允许的增量"和"允许的减量"即为表 3 – 16 下半部中的相应三列；"允许的最小值"即"约束限制值 – 允许的减量"，"允许的最大值"即"约束限制值 + 允许的增量"；"允许的最小值"和"允许的最大值"之间即为各种生态功能价格允许变化的范围。

各种生态功能的价格在其允许的范围内变化，其他各种生态功能价格不变，其影子价格不变（如前所述，生物多样性保护功能的影子价格是 96000000 元，其他生态功能的影子价格均为 0）。

"允许的增量"和"允许的减量"分析进一步展示了影响最优解（各类林地的生态补偿标准）和目标值（补偿总额）的主要生态功能是影子价格为正数的敏感的生态功能。

（4）同时改变几个或所有函数约束的约束右端值（生态功能价格），如果这些变动的幅度不大，那么可以用影子价格预测变动产生的影响。计算出每一生态功能价格变动量占该约束值允许变动量的百分比（即增加量占允许增量的百分比或减少量占允许减量的百分比），而后将各个系数的变动百分比相加，如果所得的和不超过 100%，那么影子价格还是有效的，如果所得的和超过 100%，那就无法确定影子价格是否有效。

第四章 农业资源内不同管理效率
生态补偿标准研究

农业资源内不同管理效率生态补偿标准的研究，本书集中于对林地生态系统中不同管理效率类型林地的生态补偿标准进行研究。依据现有研究能够提供的信息，将林地分为自然保护林和非自然保护林两个部分，以反映林地的不同管理效率，进而对自然保护林与非自然保护林补偿标准进行比较。基础数据仍旧采用第二章北京市农业四大资源生态功能与价值的测算数据。

第一节 自然保护林与非自然保护林补偿
标准比较基础数据设计安排

对第二章表 2 - 4 作些调整，农田、草地、湿地所在的三列的数值不变，林地分为两列——自然保护林与非自然保护林，如第二章所述，北京市自然保护林约占林地总量的 12%，因而自然保护林现有面积为林地总面积（1089534 公顷）×12% =130744 公顷，非自然保护林面积即为 1089534 - 130744 =958790（公顷）。

假设自然保护林与非自然保护林在除"林地生物多样性保护"指标以外其他生态功能不变，而"生物多样性保护"生态功能指标上，如第二章相应部分的说明，非自然保护林功能是自然保护林功能的 1/2，因而在 X_{22} 林地生物多样性保护指标中，取自然保护林 $a_{221} = 1$，非自然保护林 $a_{222} = 2$。详见表 4 - 1。

表 4 - 1   北京市自然保护林与非自然保护林补偿标准线性规划对偶问题

生态功能/B_i 资源总量（公顷）	自然保护林 Y_{11}	非自然保护林 Y_{12}	农田 Y_2	草地 Y_3	湿地 Y_4	$a_{ij}Y_i$	生态功能价格（元）P_j
	130744	958790	221157	85139	51400		
X_1 释氧量（吨）	0.12	0.12	0.06	0.22	0.47	≥	400
X_2 固碳量（吨）	0.31	0.31	0.15	0.59	1.26	≥	759
X_3 涵养水源量（吨）	0.0003	0.0003	0.0010	0.0013		≥	1.63
X_4 净化水质量（吨）	0.0004	0.0004	0.0011			≥	2.6
X_5 湿地去除氮量（吨）					0.25126	≥	1500
X_6 湿地去除磷量（吨）					0.53763	≥	2500
X_7 湿地洪水调蓄量（吨）					0.00004	≥	1.63
X_8 吸收二氧化硫量（吨）	12.51	12.51	22.22	33.30		≥	600
X_9 吸收二氧化氮量（吨）	17.00	17.00	30.20	45.26		≥	600
X_{10} 吸收氟化氢量（吨）	1065	1065	1892	2836		≥	900
X_{11} 吸收滞尘量（吨）	0.07	0.07	1079.27		6268	≥	170
X_{12} 草地消解固废量（吨）				4.71		≥	4684
X_{13} 维持有机质量（吨）	1.11	1.11	8.75			≥	320
X_{14} 维持氮量（吨）	296.74	296.74	17.50	6.76		≥	17143
X_{15} 维持磷量（吨）	107.87	107.87	24.51	82.51		≥	15989
X_{16} 维持钾量（吨）	544.07	544.07	12.76	82.51		≥	4400
X_{17} 林地避免土地废弃量（公顷）	34.19	34.19				≥	264
X_{18} 农田避免土地废弃量（公顷）			73.63			≥	1343
X_{19} 草地避免土地废弃量（公顷）				33.72		≥	246
X_{20} 湿地土壤保留量（公顷）					0.21	≥	5198
X_{21} 减少泥沙淤积量（立方米）	0.022	0.022	0.016	0.022		≥	1.63
X_{22} 林地生物多样性保护	1	2				≥	2978
X_{23} 草地生物多样性保护				1		≥	314
X_{24} 湿地生物多样性保护					1	≥	2998
	$Y_1 \geqslant 0$	$Y_2 \geqslant 0$	$Y_3 \geqslant 0$	$Y_4 \geqslant 0$			

$$\min W = \sum_{i=1}^{4} b_i y_i$$

第二节　北京市自然保护林与非自然保护林补偿标准线性规划最优解

运用 Excel 表求解表 4－1 线性规划问题，得到可满足所有约束条件及最优状况的一组解，如表 4－2 所示。

表 4－2　北京市四大农业资源生态补偿标准线性规划最优解

生态功能/B_i 资源总量（公顷）	自然保护林 Y_{11}	非自然保护林 Y_{12}	农田 Y_2	草地 Y_3	湿地 Y_4	$a_{ij}Y$	生态功能价格（元）P_j
	130744	958790	221157	85139	51400		
X_1 释氧量（吨）	0.12	0.12	0.06	0.22	0.47	19200	400
X_2 固碳量（吨）	0.31	0.31	0.15	0.59	1.26	51367	759
X_3 涵养水源量（吨）	0.0003	0.0003	0.0010	0.0013		3	1.63
X_4 净化水质量（吨）	0.0004	0.0004	0.0011			3	2.6
X_5 湿地去除氮量（吨）					0.25126	9937	1500
X_6 湿地去除磷量（吨）					0.53763	21262	2500
X_7 湿地洪水调蓄量（吨）					0.00004	2	1.63
X_8 吸收二氧化硫量（吨）	12.51	12.51	22.22	33.30		97730	600
X_9 吸收二氧化氮量（吨）	17.00	17.00	30.20	45.26		132829	600
X_{10} 吸收氟化氢量（吨）	1065	1065	1892	2836		8321229	900
X_{11} 吸收滞尘量（吨）	0.07	0.07	1079		6268	2.49E+8	170
X_{12} 草地消解固废量（吨）				4.71		4685	4684
X_{13} 维持有机质量（吨）	1.11	1.11	8.75			10779	320
X_{14} 维持氮量（吨）	296.74	296.74	17.50	6.76		911962	17143
X_{15} 维持磷量（吨）	107.87	107.87	24.51	82.51		433461	15989
X_{16} 维持钾量（吨）	544.07	544.07	12.76	82.51		1717977	4400
X_{17} 林地避免土地废弃量（公顷）	34.19	34.19				101812	264

续表

生态功能/B_i 资源总量（公顷）	自然保护林 Y_{11}	非自然保护林 Y_{12}	农田 Y_2	草地 Y_3	湿地 Y_4	$a_{ij}Y$	生态功能价格（元）P_j
	130744	958790	221157	85139	51400		
X_{18} 农田避免土地废弃量（公顷）			73.63			90718	1343
X_{19} 草地避免土地废弃量（公顷）				33.72		33518	246
X_{20} 湿地土壤保留量（公顷）					0.21	8238	5198
X_{21} 减少泥沙淤积量（立方米）	0.022	0.022	0.016	0.022		108	1.63
X_{22} 林地生物多样性保护	1	2				2978	2978
X_{23} 草地生物多样性保护				1		994	314
X_{24} 湿地生物多样性保护					1	39548	2998
		≥0	≥0	≥0	≥0		
	Y_1^1	Y_1^2	Y_2	Y_3	Y_4	$a_{ij}Y$	
Y_i 补偿标准（元/公顷）	2978	0	1232	994	39548	2.78E+9	

表 4 - 2 测算的结果表明，将林地分为自然保护林和非自然保护林，其他三大资源不变，考虑全部生态功能指标，北京市农业五大资源的补偿标准分别为自然保护林 2978 元/公顷、非自然保护林 0 元/公顷、农田 1232 元/公顷、草地 994 元/公顷、湿地 39548 元/公顷。补偿总额为 2779217599 元。与第二章表 2 - 5 （即没有将林地分为两类）测算结果相比，草地和湿地补偿标准没有变化，农田补偿标准从 1727 元/公顷降至 1232 元/公顷，非自然保护林补偿标准由 1668 元/公顷降至 0，自然保护林补偿标准由 1668 元/公顷升至 2978 元/公顷，

补偿总额由 4316506348 元降至 2779217599 元。① 表 4 - 2 测算的结果还表明，湿地仍然是北京市农业生态功能最稀缺的资源，其次是自然保护林、农田、草地、非自然保护林。

　　这一结果的管理意义在于，对于资源面积最大的林地，将其按管理水平高低进行分类，可以实施更精准的补偿，从而实现生态资源的优化配置，降低补偿总费用。

第三节　自然保护林与非自然保护林补偿标准线性规划测算敏感性分析

　　表 4 - 3 显示了北京市农业五大资源生态补偿标准线性规划测算敏感性分析的具体数值。

表 4 - 3　　北京市农业五大资源生态补偿标准线性规划测算敏感性分析

可变单元格	终值	递减成本	目标式系数	允许的增量	允许的减量
自然保护林	2978	0	130744	400089	27867
非自然保护林	0	800179	958790	1E + 30	800179
农田	1232	0	272384	73783	272384
草地	994	0	85139	1E + 30	85139
湿地	39548	0	51400	1E + 30	51400
约束单元格	终值	阴影价格	约束限制值	允许的增量	允许的减量
X_1 释氧量（吨）	19200	0	400	18800	1E + 30
X_2 固碳量（吨）	51367	0	759	50608	1E + 30
X_3 涵养水源量（吨）	3	0	2	2	1E + 30
X_4 净化水质量（吨）	3	2.5E + 9	3	2.1E + 15	1
X_5 湿地去除氮量（吨）	9937	0	1500	8437	1E + 30
X_6 湿地去除磷量（吨）	21262	0	2500	18762	1E + 30

① 关于自然保护林和非自然保护林补偿标准更合理的测算，在本书第六章将进一步说明。

约束单元格	终值	阴影价格	约束限制值	允许的增量	允许的减量
X_7 湿地洪水调蓄量（吨）	2	$1.25E+9$	2	$6.05E+12$	0.60
X_8 吸收二氧化硫量（吨）	97728	0	600	97128	$1E+30$
X_9 吸收二氧化氮量（吨）	132826	0	600	132226	$1E+30$
X_{10} 吸收氟化氢量（吨）	8321077	0	900	8320177	$1E+30$
X_{11} 吸收滞尘量（吨）	$2.5E+9$	0	170	$2.49E+9$	$1E+30$
X_{12} 草地消解固废量（吨）	4684	18065	4684	$1E+30$	3205
X_{13} 维持有机质量（吨）	10778	0	320	10458	$1E+30$
X_{14} 维持氮量（吨）	912069	0	17143	894926	$1E+30$
X_{15} 维持磷量（吨）	433488	0	15989	417499	$1E+30$
X_{16} 维持钾量（吨）	1718167	0	4400	1713767	$1E+30$
X_{17} 林地避免土地废弃量（公顷）	101825	0	264	101561	$1E+30$
X_{18} 农田避免土地废弃量（公顷）	90710	0	1343	89367	$1E+30$
X_{19} 草地避免土地废弃量（公顷）	33514	0	246	33268	$1E+30$
X_{20} 湿地土壤保留量（公顷）	8238	0	5198	3040	$1E+30$
X_{21} 减少泥沙淤积量（立方米）	108	0	2	107	$1E+30$
X_{22} 林地生物多样性保护	2978	27867	2978	3165	2971
X_{23} 草地生物多样性保护	994	0	314	680	$1E+30$
X_{24} 湿地生物多样性保护	39548	0	2998	36550	$1E+30$

1. 表 4-3 上半部的表格反映目标函数中系数变化对最优解的影响

（1）"终值"，即决策变量的终值，也就是最优解的值。农业五大资源生态补偿标准为自然保护林 2978 元/公顷、非自然保护林 0 元/公顷、农田 1232 元/公顷、草地 994 元/公顷、湿地 39548 元/公顷。

（2）"递减成本"，其绝对值表示目标函数中决策变量的系数必须改进多少，才能得到该决策变量的正数解（非零解）。表 4-3 显示，五大资源中非自然保护林递减成本为 800179 元/公顷，其他四大资源递减成本均为零。依据所给信息，作出表4－4。

表4－4　　从生态功能角度分析北京农业五大资源稀缺（或冗余）状况

	终值	递减成本	目标式系数	按递减成本改进	改进率（所需资源量占原资源量比例,%）	资源稀缺程度排序	按递减成本改进后终值	改进率×按递减成本改进后终值
自然保护林	2978	0	130744	130744	100.00	2	2978	2978
非自然保护林	0	800179	958790	158611	16.54	5	1489	246
农田	1232	0	272384	272384	100.00	3	1232	1232
草地	994	0	85139	85139	100.00	4	994	994
湿地	39548	0	51400	51400	100.00	1	39548	39548

　　表4－4中的"终值""递减成本"和"目标式系数"即为表4－3上半部中的相应三列。"终值"是线性规划最优解，即五大资源补偿标准；"目标式系数"是五大资源现有的面积，"递减成本"反映从生态功能角度各类资源的冗余面积；"按递减成本改进"，即"目标式系数－递减成本"，显示对冗余林地改进后所剩下的必要的面积；"改进率"，即"按递减成本改进/目标式系数×100%"，显示各类资源所需资源量占原资源量比例，这一比例的大小反映从生态功能角度分析，各类资源的稀缺与冗余程度。资源稀缺程度按照如下原则排序：改进率为100%的，依照终值大小排序；改进率低于100%的，按照改进率大小继续依次排序。按照上述原则，可以看到，从生态功能角度分析，北京市农业五大资源稀缺程度依次是：湿地（改进率100%、终值39548），自然保护林（改进率100%、终值2978），农田（改进率100%、终值1232），草地（改进率100%、终值994），非自然保护林（改进率16.54%）。

　　表4－4中"按递减成本改进后终值"是将北京市农业五大资源各自的面积调整为小于等于其"按递减成本改进"的面积，其他资源面积不变，所测算的补偿标准的数值。可以看到，自然保护林、农

田、草地、湿地四大资源这一数值没有变化，而非自然保护林这一数值为1489元/公顷，且测算时自然保护林的补偿标准却变为0。本书将在第六章深入分析造成这一现象的原因。可以肯定的是，表4-4中"资源稀缺程度排序"是综合了各类资源的面积和其"生产"生态功能的能力的比较，而"按递减成本改进后终值"则反映了各类资源"生产"生态功能的能力，与资源现有面积无关。

表4-4中"改进率×按递减成本改进后终值"是本书建议的修正的补偿标准数值，其原因也将在第六章进行阐述。值得注意的是，按照这一修正的补偿标准测算的补偿总额为4269966396元，仍然低于未将林地按照管理效率高低分类测算的补偿总额4316506348元，与前面所述"这一结果的管理意义在于，对于资源面积最大的林地，将其按管理水平高低进行分类，可以实施更精准的补偿，从而实现生态资源的优化配置，降低补偿总费用"的结论没有矛盾。

（3）"允许的增量"和"允许的减量"，表示在目标函数中的系数在允许的增量和减量范围内变化时，最优解不变（这里给出的决策变量的允许变化范围是指其他条件不变，仅该决策变量变化时的允许变化范围）。那么，根据表4-3的数值，可以得到表4-5。

表4-5 北京市农业五大资源生态补偿标准线性规划最优解不变的允许范围

	目标式系数（面积）	允许的增量	允许的减量	允许的最小值	允许的最大值
自然保护林	130744	400089	27867	102877	530834
非自然保护林	958790	1E+30	800179	158611	1E+30
农田	272384	73783	272384	0	346166
草地	85139	1E+30	85139	0	1E+30
湿地	51400	1E+30	51400	0	1E+30

表4-5中的"目标式系数""允许的增量"和"允许的减量"即为表4-3上半部中的相应三列。"允许的最小值"即"目标式系数-允许的减量"，"允许的最大值"即"目标式系数+允许的增

量"，"允许的最小值"和"允许的最大值"之间即为各类资源面积允许变化的范围。各类资源面积在其允许的范围内变化，其他各类资源面积不变，最优解不变。

（4）目标函数系数同时变动的百分之百法则。如果目标函数的系数（各类资源的现有面积）同时变动，计算出每一系数变动量占该系数最优域允许变动量的百分比（即增加量占允许增量的百分比或减少量占允许减量的百分比），而后将各个系数的变动百分比相加，如果所得的和不超过100%，最优解不会改变，如果超过100%，则不能确定最优解是否改变。

2. 表4-3下半部的表格反映约束条件右边变化对目标值的影响

（1）"终值"是约束条件左边的终值（即 $a_{ij}Y_i$ 的最后结果）。

（2）"影子价格"是指约束条件右边增加（或减少）一个单位，使目标值增加（或减少）的值。那么，根据表4-3的数值，可以得到表4-6。

表4-6　　　　　　非零影子价格的功能变化对目标值的影响

	阴影价格	约束限制值	允许的最小值	允许的最大值
X_4 净化水质量（吨）	246904815	2.6	1.3	2.12328E+15
X_7 湿地洪水调蓄量（吨）	1247093469	1.6	1.0	6.05268E+12
X_{12} 草地消解固体废弃物量(吨)	18065	4684	1479	1E+30
X_{22} 林地生物多样性保护	27867	2978	8	6143

表4-6显示：

X_4 净化水质量（吨）的影子价格为246904815元，说明在允许范围内（$1.3 \leqslant P_4 \leqslant 2.12328E+15$），增加或减少一个单位的 P_4 的价格（2.6元/吨），目标值（最小补偿成本）将增加或减少246904815元。

X_7 湿地洪水调蓄量（吨）的影子价格为1247093469元，说明在允许范围内（$1 \leqslant P_7 \leqslant 6.05268E+12$），增加或减少一个单位的 P_7 的价格（1.6元/吨），目标值（最小补偿成本）将增加或减少1247093469元。

X_{12} 草地消解固体废弃物量（吨）的影子价格为18065元，说明在允许范围内（$1479 \leqslant P_{12} \leqslant 1E+30$），增加或减少一个单位的 P_{12} 的价格

（4684 元/吨），目标值（最小补偿成本）将增加或减少 18065 元。

X_{22} 林地生物多样性保护的影子价格为 27867 元，说明在允许范围内（$8 \leqslant P_{22} \leqslant 6143$），增加或减少一个单位的 P_{22} 的价格（2978 元/公顷），目标值（最小补偿成本）将增加或减少 27867 元。

其余生态功能的影子价格为 0，说明增加或减少一个单位的 P_i 的价格，目标值（最小补偿成本）不变。

生态功能的影子价格分析，可以让我们了解在对农业五大资源的生态补偿的总额中，哪些生态功能发挥着主要作用。那么，如果考虑降低生态补偿总额，则可以根据生态补偿的主要目的，降低一些相对不重要但又比较敏感的功能的价格（在允许的范围内）。

表 4－7 显示了降低敏感生态功能价格几种不同情况的测算结果。测算主要依据表 4－3 中生态功能影子价格为正数的四种生态功能——草地消解固体废弃物、林地生物多样性、湿地洪水调蓄、净化水质量，采用各自允许范围的最小值作为重新制定的价格 P_i，并依次测算四种情况——原数据；草地消解固体废弃物价格降至 1479 元/吨，其他不变；草地消解固体废弃物价格降至 1479 元/吨，林地生物多样性价格降至 8 元/公顷，其他不变；草地消解固体废弃物价格降至 1479 元/吨，林地生物多样性价格降至 8 元/公顷，湿地洪水调蓄价格降至 1 元/吨，其他不变；草地消解固体废弃物价格降至 1479 元/吨，林地生物多样性价格降至 8 元/公顷，湿地洪水调蓄价格降至 1 元/吨，净化水质量价格降至 1.3 元/吨。

表 4－7　　降低敏感生态功能价格几种不同情况补偿标准与总额的测算结果

	自然保护林	非自然保护林	农田	草地	湿地	$a_{ij}Y$ 补偿总额
原数据	2978	0	1232	994	39548	2779217599
草地消解固体废弃物价格降至 1479 元/吨，其他不变	2978	0	1232	314	39548	2721326728

续表

	自然保护林	非自然保护林	农田	草地	湿地	$a_{ij}Y$ 补偿总额
草地消解固体废弃物价格降至1479元/吨，林地生物多样性价格降至8元/公顷，其他不变	8	0	2354	314	39548	2581067436
草地消解固体废弃物价格降至1479元/吨，林地生物多样性价格降至8元/公顷，湿地洪水调蓄价格降至1元/吨，其他不变	8	0	2354	314	24953	1830904157
草地消解固体废弃物价格降至1479元/吨，林地生物多样性价格降至8元/公顷，湿地洪水调蓄价格降至1元/吨，净化水质量价格降至1.3元/吨	8	0	1159	353	24953	1569858046

（3）"约束条件限制值"，指约束条件右边的值，即各生态功能的价格；"允许的增量"和"允许的减量"，表示约束条件右边在允许的增量和减量范围内变化时，影子价格不变（这里给出的约束条件右边的"允许变化范围"是指其他条件不变，仅该约束条件右边变化时的允许变化范围）。那么，根据表4-3的数值，可以得到表4-8。

表4-8　　各种生态功能价格变化其影子价格不变的允许范围

名称	约束限制值	允许的增量	允许的减量	允许的最小值	允许的最大值
X_1 释氧量（吨）	400	18800	1E+30	-1.00E+30	19200
X_2 固碳量（吨）	759	50608	1E+30	-1.00E+30	51367
X_3 涵养水源量（吨）	2	2	1E+30	-1.00E+30	3
X_4 净化水质量（吨）	3	2.1E+15	1	1.30E+00	2.1E+15
X_5 湿地去除氮量（吨）	1500	8437	1E+30	-1.00E+30	9937
X_6 湿地去除磷量（吨）	2500	18762	1E+30	-1.00E+30	21262

续表

名称	约束 限制值	允许的 增量	允许的 减量	允许的 最小值	允许的 最大值
X_7 湿地洪水调蓄量（吨）	2	6.05E + 12	0.60	1.03E + 00	6.05E + 12
X_8 吸收二氧化硫量（吨）	600	97128	1E + 30	− 1.00E + 30	97728
X_9 吸收二氧化氮量（吨）	600	132226	1E + 30	− 1.00E + 30	132826
X_{10} 吸收氟化氢量（吨）	900	8320177	1E + 30	− 1.00E + 30	8321077
X_{11} 吸收滞尘量（吨）	170	249198157	1E + 30	− 1.00E + 30	249198327
X_{12} 草地消解固废量（吨）	4684	1E + 30	3205	1.48E + 03	1E + 30
X_{13} 维持有机质量（吨）	320	10458	1E + 30	− 1.00E + 30	10778
X_{14} 维持氮量（吨）	17143	894926	1E + 30	− 1.00E + 30	912069
X_{15} 维持磷量（吨）	15989	417499	1E + 30	− 1.00E + 30	433488
X_{16} 维持钾量（吨）	4400	1713767	1E + 30	− 1.00E + 30	1718167
X_{17} 林地避免土地废弃量（公顷）	264	101561	1E + 30	− 1.00E + 30	101825
X_{18} 农田避免土地废弃量（公顷）	1343	89367	1E + 30	− 1.00E + 30	90710
X_{19} 草地避免土地废弃量（公顷）	246	33268	1E + 30	− 1.00E + 30	33514
X_{20} 湿地土壤保留量（公顷）	5198	3040	1E + 30	− 1.00E + 30	8238
X_{21} 减少泥沙淤积量（立方米）	2	107	1E + 30	− 1.00E + 30	108
X_{22} 林地生物多样性保护	2978	3165	2971	7.71E + 00	6143
X_{23} 草地生物多样性保护	314	680	1E + 30	− 1.00E + 30	994
X_{24} 湿地生物多样性保护	2998	36550	1E + 30	− 1.00E + 30	39548

表 4 - 8 中，"约束限制值""允许的增量"和"允许的减量"即为表 4 - 3 下半部中的相应三列；"允许的最小值"即"约束限制值 − 允许的减量"，"允许的最大值"即"约束限制值 + 允许的增量"；"允许的最小值"和"允许的最大值"之间即为各种生态功能价格允许变化的范围。

各种生态功能的价格在其允许的范围内变化，其他各种生态功能价格不变，其影子价格不变。

"允许的增量"和"允许的减量"分析进一步展示了影响最优解（各类资源的生态补偿标准）和目标值（补偿总额）的主要生态功能是影子价格为正数的敏感的生态功能。

（4）同时改变几个或所有函数约束的约束右端值（生态功能价格），如果这些变动的幅度不大，那么可以用影子价格预测变动产生的影响。计算出每一生态功能价格变动量占该约束值允许变动量的百分比（即增加量占允许增量的百分比或减少量占允许减量的百分比），而后将各个系数的变动百分比相加，如果所得的和不超过100%，那么影子价格还是有效的，如果所得的和超过100%，那就无法确定影子价格是否有效。

第五章　农业资源内不同自我修复
水平生态补偿标准研究

对农业资源内不同自我修复水平生态补偿标准的研究，本书集中于对农田生态系统中不同自我修复水平农田的生态补偿标准进行研究。依据现有研究能够提供的信息，将农田分为秸秆露天焚烧田（简称"焚烧田"）和非秸秆露天焚烧田（简称"非焚烧田"）两种类型，以反映农田资源内部的不同的自我修复水平，进而对焚烧田与非焚烧田补偿标准进行比较。基础数据仍旧采用第二章北京市农业四大资源生态功能与价值的测算数据。

第一节　焚烧田与非焚烧田补偿标准
比较基础数据设计安排

一　两类农田生态功能指标与数值选择和确定

根据赵建宁 2011 年的研究[①]，1999—2008 年中国粮食作物秸秆露天焚烧释放的总碳量平均每年为 3.32×10^7 吨，各类秸秆露天焚烧比例平均约占 25%，2008 年全国耕地 121715.9 千公顷，由此可计算出秸秆露天焚烧田单位碳排放量为 1.09 吨/公顷。没有收集到秸秆露天焚烧田单位耗氧量的数据，按照农作物单位固碳量和释氧量的比例关系（1/2.68）推算秸秆露天焚烧田单位耗氧量为 2.92 吨/公顷。因此，焚

---

① 赵建宁：《中国粮食作物秸秆焚烧释放碳量的估算》，《农业环境科学学报》2011 年第 4 期。

烧田的单位生态功能释氧量就调整为 17.85 - 2.92 = 14.93 （吨/公顷），固碳量调整为 6.67 - 1.09 = 5.58 （吨/公顷），进而在线性规划原问题中：

$a_{1焚} = 1/$焚烧田单位释氧量 $= 1/14.93 = 0.06697$ （公顷/吨）

$a_{2焚} = 1/$焚烧田单位固碳量 $= 1/5.58 = 0.17918$ （公顷/吨）

非焚烧田释氧功能和固碳功能数值不变。

除释氧功能和固碳功能外，保留其他与农田有关的部分。

二　两类农田生态补偿标准测算的比较范围选择与确定

农田生态补偿标准测算的比较范围选择与确定经历了几个试测过程。

（1）保留林地、农田、草地、湿地四大资源，保留所有生态功能，将农田 $a_{1焚}$ 和 $a_{2焚}$ 的数值，作为农田相应位置的生态功能数值。由于第二章表 2-6 显示，如果同时考虑林地、农田、草地、湿地四大资源，保留所有生态功能，释氧功能和固碳功能不是敏感性生态功能，因此，按照这一设置进行测算的结果，最优解没有变化。农业四大资源生态补偿标准依然是林地 1668 元/公顷、农田 1727 元/公顷、草地 994 元/公顷、湿地 39548 元/公顷。没有能够比较出焚烧田与非焚烧田补偿标准的差异。

（2）保留林地、农田、草地、湿地四大资源，生态功能只保留与农田有关的指标，将农田 $a_{1焚}$ 和 $a_{2焚}$ 的数值，作为农田相应位置的生态功能数值。得到如下结果，见表 5-1。

表 5-1　农田自我修复水平不同补偿标准线性规划测试过程与结果

	森林 Y_1	农田 Y_2	草地 Y_3	湿地 Y_4	$a_{ij}Y_i$	生态功能价格 P_j
生态功能/B_i 资料总量（公顷）	1089534	55289	85139	51400		
X_1 释氧量（吨）	0.12	0.067	0.22	0.47	11875	400
X_2 固碳量（吨）	0.31	0.179	0.59	1.26	31769	759.15
X_3 涵养水源量（吨）	0.0003	0.001	0.0013		2	1.63
X_4 净化水质量（吨）	0.0004	0.001			3	2.6
X_8 吸收二氧化硫量（吨）	12.51	22	33.30		52647	600

续表

	森林 Y_1	农田 Y_2	草地 Y_3	湿地 Y_4	$a_{ij}Y_i$	生态功能价格 P_j
生态功能/B_i 资料总量(公顷)	1089534	55289	85139	51400		
X_9 吸收二氧化氮量（吨）	17.00	30	45.26		71555	600
X_{10} 吸收氟化氢量（吨）	1065	1892	2834		4482673	900
X_{11} 吸收滞尘量（吨）	0.07	1079		6268	158936535	170
X_{13} 维持有机质量（吨）	1.11	8.75			20602	320
X_{14} 维持氮量（吨）	297	17.50	6.76		43539	17143
X_{15} 维持磷量（吨）	108	24.51	82.51		59126	15989
X_{16} 维持钾量（吨）	544	12.76	82.51		34839	4400
X_{17} 林地避免土地废弃量（公顷）	34				263.58	264
X_{18} 农田避免土地废弃量（公顷）		73.63			173327	1343
X_{19} 草地避免土地废弃量（公顷）			33.72		246	246
X_{20} 湿地土壤保留量(公顷)				0.21	5198	5198
X_{21} 减少泥沙淤积量(立方米)	0.022	0.016	0.022		39	1.63
	≥0	≥0	≥0	≥0		
	Y_1	Y_2	Y_3	Y_4	$a_{ij}Y$	
Y_i 补偿标准（元/公顷）	7.71	2354	7.28	24953	1291618938	

这一测试的结果与第二章表2-5的结果有了较大差异，如果在其敏感性分析中释氧量和固碳量指标是敏感性指标（即其影子价格为正值），我们可以进一步开展焚烧田与非焚烧田补偿标准的比较研究。但是遗憾的是，表5-2显示，在这样框架的测算中，释氧量和固碳量仍旧不是敏感性指标①。

――――――――

① 第四章研究自然保护林与非自然保护林补偿标准比较时，采用的第二章表2-4的基本框架，只是将林地分为两类，之所以能够如此运作，是因为表2-6显示，林地生物多样性保护的影子价格为563363元，是敏感性的功能，而自然保护林与非自然保护林的主要差异是在生物多样性保护功能上。

表 5 – 2　　　　　农田自我修复水平不同补偿标准线性
规划测试敏感性分析（下半部分）

约束单元格	终值	影子价格	约束限制值	允许的增量	允许的减量
X_1 释氧量（吨）	11849	0	400	11449	1E + 30
X_2 固碳量（吨）	31700	0	759	30941	1E + 30
X_3 涵养水源量（吨）	2	0	1.63	0.73	1E + 30
X_4 净化水质量（吨）	3	100235114	2.6	3.53986E + 13	0.8
X_8 吸收二氧化硫量（吨）	52647	0	600	52047	1E + 30
X_9 吸收二氧化氮量（吨）	71555	0	600	70955	1E + 30
X_{10} 吸收氟化氢量（吨）	4482673	0	900	4481773	1E + 30
X_{11} 吸收滞尘量（吨）	158936535	0	170	158936365	1E + 30
X_{13} 维持有机质量（吨）	20602	0	320	20282	1E + 30
X_{14} 维持氮量（吨）	43539	0	17143	26396	1E + 30
X_{15} 维持磷量（吨）	59126	0	15989	43136	1E + 30
X_{16} 维持钾量（吨）	34839	0	4400	30439	1E + 30
X_{17} 林地避免土地废弃量（公顷）	264	30647	264	211419	264
X_{18} 农田避免土地废弃量（公顷）	173327	0	1343	171984	1E + 30
X_{19} 草地避免土地废弃量（公顷）	246	2525	246	1E + 30	245.5
X_{20} 湿地土壤保留量（公顷）	5198	246752	5198	1.90731E + 17	5080
X_{21} 减少泥沙淤积量（立方米）	39	0	1.63	38	1E + 30

（3）将农田分为焚烧田和非焚烧田（即 Y_1 焚烧田，Y_2 非焚烧田），单独研究这两类农田补偿标准的比较问题，生态功能只保留与农田有关的指标，测试结果，释氧量成为敏感性功能指标（即影子价格为正值），且是唯一的一个敏感性功能指标（具体情况将在下面展示）。因此决定采用这一分析框架。

三　两类农田生态补偿标准测算的现有面积（目标式系数）确定

事实上，如第二章所述，依据本书建立的模型的研究结果只是一个相对的比较概念。研究结果更主要的价值在于所研究的资源的匹配性，即研究所比较的各种资源的稀缺（或冗余）程度。我们也尝试过将第二章表 2-4 中北京市农业四大资源的现有面积 B_i 同时扩大 100 倍或 1000 倍，最优解没有变化，表 2-6 敏感性分析中的允许增量与减量也解释了这一现象。所以，在这里，我们只需确定两类农田的比例关系，基础数值可以先从两类农田现有面积均为 100 公顷开始。

综上所述，得到表 5-3。

表 5-3　　焚烧田与非焚烧田补偿标准线性规划对偶问题 （1）

生态功能/B_i 资源总量 （公顷）	焚烧田 Y_1	非焚烧田 Y_2	$a_{ij}Y_i$	生态功能 价格 P_j
	100	100		
X_1 释氧量 （吨）	0.067	0.06	≥	400
X_2 固碳量 （吨）	0.17	0.15	≥	759
X_3 涵养水源量 （吨）	0.0010	0.0010	≥	1.63
X_4 净化水质量 （吨）	0.0011	0.0011	≥	2.6
X_8 吸收二氧化硫量 （吨）	22.22	22.22	≥	600
X_9 吸收二氧化氮量 （吨）	30.20	30.20	≥	600
X_{10} 吸收氟化氢量 （吨）	1892.11	1892.11	≥	900
X_{11} 吸收滞尘量 （吨）	1079.27	1079.27	≥	170
X_{13} 维持有机质量 （吨）	8.75	8.75	≥	320
X_{14} 维持氮量 （吨）	17.50	17.50	≥	17143
X_{15} 维持磷量 （吨）	24.51	24.51	≥	15989
X_{16} 维持钾量 （吨）	12.76	12.76	≥	4400
X_{18} 农田避免土地废弃量 （公顷）	73.63	73.63	≥	1343
X_{21} 减少泥沙淤积量 （立方米）	0.016	0.016	≥	1.63
	$Y_1 \geq 0$	$Y_2 \geq 0$		

$$\min W = \sum_{i=1}^{4} b_i y_i$$

然而，运用 Excel 表求解表 5-1 线性规划问题，却出现了令人难以理解的现象，即"劣币驱逐良币"，焚烧田补偿标准为 5972 元/公顷，非焚烧田补偿标准为 0 元/公顷。见表 5-4。

表 5－4　焚烧田与非焚烧田补偿标准线性规划问题（1）最优解

生态功能/B_i 资源总量（公顷）	焚烧田 Y_1 100	非焚烧田 Y_2 100	$a_{ij}Y_i$		生态功能 价格 P_j
X_1 释氧量（吨）	0.067	0.06	400	≥	400
X_2 固碳量（吨）	0.17	0.15	1070	≥	759
X_3 涵养水源量（吨）	0.0010	0.0010	6	≥	1.63
X_4 净化水质量（吨）	0.0011	0.0011	7	≥	2.6
X_8 吸收二氧化硫量（吨）	22.22	22.22	132720	≥	600
X_9 吸收二氧化氮量（吨）	30.20	30.20	180385	≥	600
X_{10} 吸收氟化氢量（吨）	1892.11	1892.11	11300469	≥	900
X_{11} 吸收滞尘量（吨）	1079.27	1079.27	6445843	≥	170
X_{13} 维持有机质量（吨）	8.75	8.75	52252	≥	320
X_{14} 维持氮量（吨）	17.50	17.50	104541	≥	17143
X_{15} 维持磷量（吨）	24.51	24.51	146382	≥	15989
X_{16} 维持钾量（吨）	12.76	12.76	76227	≥	4400
X_{18} 农田避免土地废弃量（公顷）	73.63	73.63	439775	≥	1343
X_{21} 减少泥沙淤积量（立方米）	0.016	0.016	99	≥	1.63
	Y_1	Y_2	$a_{ij}Y$		
Y_i 补偿标准（元/公顷）	5972	0	597240		

从线性规划的基本原理解释这一现象，有两个关键点：

（1）两类农田生态功能的数值相关性较强，即两类农田从生态功能角度具有较强的替代性，这样的情况下，线性规划测算结果一定是非此即彼，即一个为正值，一个为 0。[①]

（2）两类农田现有面积相同，那么对于生态功能较差的焚烧田来

---

　　① 关于这一点，从本书第二章、第三章、第四章三个测算结果也可以看出。第二章北京市四大资源的生态功能差距较大，所以得出的结果四大资源的补偿标准都是正值；第三章辽宁各类林地的生态功能差别相对较小，各类林地之间生态功能替代性相对较强，所以得出结果只有云杉的补偿标准为正值，其余 14 类林地补偿标准均为 0；第四章北京林地分为自然保护林与非自然保护林，并与农田、草地、湿地一起比较测算，生态功能矩阵中自然保护林与非自然保护林两列相关性较强，其他几列之间相关性差，所以得出结果两类林地中有一类补偿标准为 0，其他资源补偿标准均为正值。

说，"生产"同样生态功能所需补偿标准也会低于非焚烧田，从补偿总成本最低的目标值考察，对同样面积给予生态补偿，肯定要选择补偿标准低的资源，放弃补偿标准高的资源。

打个比方，企业老板打算在两个团队中挑选人员完成其要求的生产任务，这两个团队中每个人都能完成任务，但团队 1 中的人员工作效率是团队 2 中人员的两倍，因此团队 1 中人员要求的劳动报酬是团队 2 中人员的两倍。两个团队均有 10 人，且要求老板如果雇用必须整个团队雇用，不能只用一部分。那么，如果不考虑时间问题，老板从用人成本最低角度出发，肯定选择团队 2。如果团队 1 是 10 个人，团队 2 是 20 人，还是同样条件，老板就要权衡其他因素了。如果团队 1 是 10 个人，团队 2 是 21 人，老板则肯定选择团队 1。

基于上述原理，运用本书所建立的线性规划模型求解农业资源的生态补偿标准适用于生态功能差异较大的多种生态资源之间的比较，而同大类农业生态资源内部不同类型的生态补偿标准的测算，需要在一定条件下展开，或者考虑合理的方法修正计算出来的补偿标准。

从测算生态补偿标准角度考察，当两种农业生态资源生产功能具有较强的相关性（也即两种生态资源生态功能具有较强替代性）时，只有当生态功能低的生态资源现有面积等比例地大于生态功能高的生态资源的面积［即生态功能低的生态资源面积/（生态功能低的"生产"效率/生态功能高的"生产"效率）>生态功能高的生态资源面积］时，测算生态功能高的生态资源的补偿标准才有意义（即测算出生态功能高的生态资源被"雇用"的"工资标准"）。① 作为对比，可以再用相反的条件，即采用生态功能低的生态资源现有面积等比例地小于等于生态功能高的生态资源的面积［即生态功能低的生态资源面积/（生态功能低的"生产"效率/生态功能高的"生产"效率）≤生态功能高的生态资源面积］，测算生态功能低的生态资源的补偿标准（即测算出生态功能低的生态资源被"雇用"的"工资标准"），进而比较两类农业资源补偿标准的差异。

---

① 第四章显示，北京市自然保护林面积只占林地的 12%，符合这一条件。

但是，从分析资源的稀缺性角度该模型在上述情况下的运用仍然具有价值。第三章表 3 - 17 和第四章表 4 - 4 所展示的资源稀缺程度排序原则"改进率 100% 的，依照终值大小排序；改进率低于 100% 的，按照改进率大小继续依次排序"已经作了具体的说明。

根据上述讨论，对于测算焚烧田和非焚烧田补偿标准，需要将两类农田现有面积作些调整。根据其敏感性分析报告中 Y_1 "目标式系数"（100 公顷）的"允许的增量"是 19.549869 公顷，我们将 Y_1 的现有面积调整为 100 + 19.549869 = 119.55（公顷），Y_2 的现有面积不变（100 公顷）。得到表 5 - 5。

表 5 - 5　　焚烧田与非焚烧田补偿标准线性规划对偶问题（2）

生态功能/B_i 资源总量（公顷）	焚烧田 Y_1	非焚烧田 Y_2	$a_{ij}Y_i$	生态功能价格 P_j
	119.55	100		
X_1 释氧量（吨）	0.067	0.06	≥	400
X_2 固碳量（吨）	0.17	0.15	≥	759
X_3 涵养水源量（吨）	0.0010	0.0010	≥	1.63
X_4 净化水质量（吨）	0.0011	0.0011	≥	2.6
X_8 吸收二氧化硫量（吨）	22.22	22.22	≥	600
X_9 吸收二氧化氮量（吨）	30.20	30.20	≥	600
X_{10} 吸收氟化氢量（吨）	1892.11	1892.11	≥	900
X_{11} 吸收滞尘量（吨）	1079.27	1079.27	≥	170
X_{13} 维持有机质量（吨）	8.75	8.75	≥	320
X_{14} 维持氮量（吨）	17.50	17.50	≥	17143
X_{15} 维持磷量（吨）	24.51	24.51	≥	15989
X_{16} 维持钾量（吨）	12.76	12.76	≥	4400
X_{18} 农田避免土地废弃量（公顷）	73.63	73.63	≥	1343
X_{21} 减少泥沙淤积量（立方米）	0.016	0.016	≥	1.63
	$Y_1 \geq 0$	$Y_2 \geq 0$		

$$\min W = \sum_{i=1}^{4} b_i y_i$$

　　同时，为了测算焚烧田的补偿标准，我们将 Y_1 的现有面积调整为 119.54（公顷），Y_2 的现有面积不变（100 公顷）。得到表 5 - 6。

表 5 - 6　　焚烧田与非焚烧田补偿标准线性规划对偶问题（3）

生态功能/B_i 资源总量（公顷）	焚烧田 Y_1 119.54	非焚烧田 Y_2 100	$a_{ij}Y_i$	生态功能 价格 P_j
X_1 释氧量（吨）	0.067	0.06	≥	400
X_2 固碳量（吨）	0.17	0.15	≥	759
X_3 涵养水源量（吨）	0.0010	0.0010	≥	1.63
X_4 净化水质量（吨）	0.0011	0.0011	≥	2.6
X_8 吸收二氧化硫量（吨）	22.22	22.22	≥	600
X_9 吸收二氧化氮量（吨）	30.20	30.20	≥	600
X_{10} 吸收氟化氢量（吨）	1892.11	1892.11	≥	900
X_{11} 吸收滞尘量（吨）	1079.27	1079.27	≥	170
X_{13} 维持有机质量（吨）	8.75	8.75	≥	320
X_{14} 维持氮量（吨）	17.50	17.50	≥	17143
X_{15} 维持磷量（吨）	24.51	24.51	≥	15989
X_{16} 维持钾量（吨）	12.76	12.76	≥	4400
X_{18} 农田避免土地废弃量（公顷）	73.63	73.63	≥	1343
X_{21} 减少泥沙淤积量（立方米）	0.016	0.016	≥	1.63
	$Y_1 \geqslant 0$	$Y_2 \geqslant 0$		
$$\min W = \sum_{i=1}^{4} b_i y_i$$				

　　注意表 5 - 5 与表 5 - 6 中的焚烧田的面积问题一个是 119.55 公顷，一个是 119.54 公顷，二者只相差 0.01 公顷，其他指标数据完全相同。

第二节　焚烧田与非焚烧田生态补偿标准 最优解及其敏感性分析

一　焚烧田与非焚烧田生态补偿标准最优解

运用 Excel 表分别求解表 5 - 5 和表 5 - 6 线性规划问题，都得到了可满足所有约束条件及最优状况的一组解，如表5-7和表5-8所示。

表5-7　焚烧田与非焚烧田补偿标准线性规划问题（2）最优解

生态功能/B_i 资源总量（公顷）	焚烧田 Y_1	非焚烧田 Y_2	$a_{ij}Y_i$		生态功能价格 P_j
	119.55	100			
X_1 释氧量（吨）	0.067	0.06	400	≥	400
X_2 固碳量（吨）	0.17	0.15	1070	≥	759
X_3 涵养水源量（吨）	0.0010	0.0010	7	≥	1.63
X_4 净化水质量（吨）	0.0011	0.0011	8	≥	2.6
X_8 吸收二氧化硫量（吨）	22.22	22.22	158667	≥	600
X_9 吸收二氧化氮量（吨）	30.20	30.20	215650	≥	600
X_{10} 吸收氟化氢量（吨）	1892.11	1892.11	13509695	≥	900
X_{11} 吸收滞尘量（吨）	1079.27	1079.27	7705997	≥	170
X_{13} 维持有机质量（吨）	8.75	8.75	62467	≥	320
X_{14} 维持氮量（吨）	17.50	17.50	124978	≥	17143
X_{15} 维持磷量（吨）	24.51	24.51	175000	≥	15989
X_{16} 维持钾量（吨）	12.76	12.76	91130	≥	4400
X_{18} 农田避免土地废弃量（公顷）	73.63	73.63	525750	≥	1343
X_{21} 减少泥沙淤积量（立方米）	0.016	0.016	118	≥	1.63
	Y_1	Y_2	$a_{ij}Y$		
Y_i 补偿标准（元/公顷）	0	7140	714000		

表5-8　焚烧田与非焚烧田补偿标准线性规划问题（3）最优解

生态功能/B_i 资源总量（公顷）	焚烧田 Y_1	非焚烧田 Y_2	$a_{ij}Y_i$		生态功能价格 P_j
	119.54	100			
X_1 释氧量（吨）	0.067	0.06	400	≥	400
X_2 固碳量（吨）	0.17	0.15	1070	≥	759
X_3 涵养水源量（吨）	0.0010	0.0010	6	≥	1.63
X_4 净化水质量（吨）	0.0011	0.0011	7	≥	2.6
X_8 吸收二氧化硫量（吨）	22.22	22.22	132720	≥	600
X_9 吸收二氧化氮量（吨）	30.20	30.20	180385	≥	600

生态功能/B_i 资源总量（公顷）	焚烧田 Y_1 119.54	非焚烧田 Y_2 100	$a_{ij}Y_i$		生态功能价格 P_j
X_{10} 吸收氟化氢量（吨）	1892.11	1892.11	11300469	≥	900
X_{11} 吸收滞尘量（吨）	1079.27	1079.27	6445843	≥	170
X_{13} 维持有机质量（吨）	8.75	8.75	52252	≥	320
X_{14} 维持氮量（吨）	17.50	17.50	104541	≥	17143
X_{15} 维持磷量（吨）	24.51	24.51	146382	≥	15989
X_{16} 维持钾量（吨）	12.76	12.76	76227	≥	4400
X_{18} 农田避免土地废弃量（公顷）	73.63	73.63	439775	≥	1343
X_{21} 减少泥沙淤积量（立方米）	0.016	0.016	99	≥	1.63
	Y_1	Y_2	$a_{ij}Y$		
Y_i 补偿标准（元/公顷）	5972	0	713941		

表 5 - 7 显示，当设定焚烧田的面积为 119.55 公顷时，得到焚烧田补偿标准为 0 元/公顷，非焚烧田补偿标准为 7140 元，补偿总额为 714000 元。

表 5 - 8 显示，当设定焚烧田的面积为 119.54 公顷时，得到焚烧田补偿标准为 5972 元/公顷，非焚烧田补偿标准为 0 元，补偿总额为 713941 元。

之所以会出现这样"差之毫厘，谬以千里"的现象，是因为表 5 - 4 线性规划问题的敏感性分析报告中 Y_1"目标式系数"（100 公顷）的"允许的增量"是 19.549869 公顷，这是一个突变的临界点，因而分别将 Y_1 的现有面积设定为 119.55 公顷和 119.54 公顷，就出现了两种截然不同的结果，也因此测算出焚烧田和非焚烧田在被"雇用"时的"工资标准"，即焚烧田和非焚烧田各自的补偿标准。

二 焚烧田与非焚烧田生态补偿标准敏感性分析

表 5 - 9 和表 5 - 10 分别显示了焚烧田与非焚烧田补偿标准线性规划问题（2）与焚烧田与非焚烧田补偿标准线性规划问题（3）敏感性分析的具体数值。

表5－9　焚烧田与非焚烧田补偿标准线性规划问题（2）敏感性分析

可变单元格	终值	递减成本	目标式系数	允许的增量	允许的减量
焚烧田	0	0.00012	119.55	1E＋30	0.00012
非焚烧田	7140	0	100	0.0001	100
约束单元格	终值	影子价格	约束限制值	允许的增量	允许的减量
X_1 释氧量（吨）	400	1785	400	1E＋30	116
X_2 固碳量（吨）	1070	0	759	311	1E＋30
X_3 涵养水源量（吨）	7	0	1.63	5	1E＋30
X_4 净化水质量（吨）	8	0	2.6	5	1E＋30
X_8 吸收二氧化硫量（吨）	158667	0	600	158067	1E＋30
X_9 吸收二氧化氮量（吨）	215650	0	600	215050	1E＋30
X_{10} 吸收氟化氢量（吨）	13509695	0	900	13508795	1E＋30
X_{11} 吸收滞尘量（吨）	7705997	0	170	7705827	1E＋30
X_{13} 维持有机质量（吨）	62467	0	320	62147	1E＋30
X_{14} 维持氮量（吨）	124978	0	17143	107835	1E＋30
X_{15} 维持磷量（吨）	175000	0	15989	159011	1E＋30
X_{16} 维持钾量（吨）	91130	0	4400	86730	1E＋30
X_{18} 农田避免土地废弃量（公顷）	525750	0	1342.94	524407	1E＋30
X_{21} 减少泥沙淤积量（立方米）	118	0	1.63	116	1E＋30

表5－10　焚烧田与非焚烧田补偿标准线性规划问题（3）敏感性分析

可变单元格	终值	递减成本	目标式系数	允许的增量	允许的减量
焚烧田	5972	0	119.54	0.0099	119.54
非焚烧田	0	0.008	100	1E＋30	0.008
约束单元格	终值	影子价格	约束限制值	允许的增量	允许的减量
X_1 释氧量（吨）	400	1785	400	1E＋30	116
X_2 固碳量（吨）	1070	0	759	311	1E＋30
X_3 涵养水源量（吨）	6	0	1.63	4	1E＋30
X_4 净化水质量（吨）	7	0	2.6	4	1E＋30

续表

约束单元格	终值	递减成本	目标式系数	允许的增量	允许的减量
X_8 吸收二氧化硫量（吨）	132720	0	600	132120	1E+30
X_9 吸收二氧化氮量（吨）	180385	0	600	179785	1E+30
X_{10} 吸收氟化氢量（吨）	11300469	0	900	11299569	1E+30
X_{11} 吸收滞尘量（吨）	6445843	0	170	6445673	1E+30
X_{13} 维持有机质量（吨）	52252	0	320	51932	1E+30
X_{14} 维持氮量（吨）	104541	0	17143	87398	1E+30
X_{15} 维持磷量（吨）	146382	0	15989	130393	1E+30
X_{16} 维持钾量（吨）	76227	0	4400	71827	1E+30
X_{18} 农田避免土地废弃量（公顷）	439775	0	1343	438432	1E+30
X_{21} 减少泥沙淤积量（立方米）	99	0	1.63	97	1E+30

（1）表5-9和表5-10上半部的表格分别反映其各自目标函数中系数变化对最优解的影响。

由于两个线性规划问题对焚烧田和非焚烧田现有面积的比例采用了临界点的数据，表5-11显示，不论哪种情况，焚烧田和非焚烧田现有面积的"改进率"均等于或接近100%。

表5-11　从生态功能角度分析两类农田资源稀缺（或冗余）状况

问题（2）	终值	递减成本	目标式系数	按递减成本改进	改进率（所需资源量占原资源量比例,%）	资源稀缺程度排序
焚烧田	0	0.00012	119.55	119.55	99.99989993	2
非焚烧田	7140	0	100	100.00	100	1
问题（3）	终值	递减成本	目标式系数	按递减成本改进	改进率（所需资源量占原资源量比例,%）	资源稀缺程度排序
焚烧田	5972	0	119.54	119.54	100	1
非焚烧田	0	0.008	100	99.99	99.99174465	2

表 5 - 12 显示了两个线性规划问题最优解不变的允许范围。可以看到，对于线性规划问题（2），即能够得出非焚烧田补偿标准的线性规划设计模型而言，焚烧林的面积在（119.55，1E + 30）之间变动，最优解不变；而对于线性规划问题（3），即能够得出焚烧田补偿标准的线性规划设计模型而言，非焚烧林的面积在（100，1E + 30）之间变动，最优解不变。这一结果不仅说明了两个线性规划问题中，本书只是选择了临界点的数值进行测算，事实上两类农田的面积可以在各自问题中有无限大的伸展空间；同时，这一结果还说明，影响最优解变化的是焚烧田与非焚烧田面积之间的比例关系，它们的数值同时扩大若干倍，最优解不变。

表 5 - 12　焚烧田与非焚烧田补偿标准线性规划问题最优解不变的允许范围

问题（2）	目标式系数	允许的增量	允许的减量	允许的最小值	允许的最大值
焚烧林	119.55	1E + 30	0	119.55	1E + 30
非焚烧林	100	0	100	0	100
问题（3）	目标式系数	允许的增量	允许的减量	允许的最小值	允许的最大值
焚烧林	119.54	0	119.54	0	119.55
非焚烧林	100	1E + 30	0	100	1E + 30

（2）表 5 - 9 和表 5 - 10 上半部的表格分别反映其各自约束条件右边变化对目标值的影响。

表 5 - 13 显示了两个线性规划问题非零影子价格的功能变化对目标值的影响。线性规划问题（2）和线性规划问题（3）得出了同样的唯一的一个非零影子价格生态功能释氧量，且允许变动的范围完全相同，即释氧量（吨）的影子价格为 1785 元，在允许范围内（284，1E + 30），再增加或减少一个单位的 P_1 的价格（400 元/吨），目标值（最小补偿成本）将增加或减少 1785 元。

表 5 - 13　非零影子价格的功能变化对目标值的影响

问题（2）	影子价格	约束限制值	允许的最小值	允许的最大值
X_1 释氧量（吨）	1785	400	284	1E + 30

续表

问题（3）	影子价格	约束限制值	允许的最小值	允许的最大值
X_1 释氧量（吨）	1785	400	284	1E + 30

那么，如果考虑降低生态补偿总额，则可以在允许的范围内，降低释氧功能的价格，例如，降至 284 元/吨，则在两个线性规划问题中都能够降低补偿总额 1785 × （400 − 264） ＝20760 （元）。

表 5 − 14 显示，在两个线性规划问题的最优解中，各种生态功能的价格在其允许的范围内变化，其他各种生态功能价格不变，其影子价格不变。

"允许的增量"和"允许的减量"分析进一步展示了影响最优解（各类资源的生态补偿标准）和目标值（补偿总额）的主要生态功能是影子价格为正数的敏感的生态功能。

表5 − 14　　各种生态功能价格变化其影子价格不变的允许范围

问题（2）	约束限制值	允许的增量	允许的减量	允许的最小值	允许的最大值
X_1 释氧量（吨）	400	1E + 30	116	2.84E + 02	1E + 30
X_2 固碳量（吨）	759	311	1E + 30	− 1.00E + 30	1070
X_3 涵养水源量（吨）	1.63	5	1E + 30	− 1.00E + 30	7
X_4 净化水质量（吨）	2.6	5	1E + 30	− 1.00E + 30	8
X_8 吸收二氧化硫量（吨）	600	158067	1E + 30	− 1.00E + 30	158667
X_9 吸收二氧化氮量（吨）	600	215050	1E + 30	− 1.00E + 30	215650
X_{10} 吸收氟化氢量（吨）	900	13508795	1E + 30	− 1.00E + 30	13509695
X_{11} 吸收滞尘量（吨）	170	7705827	1E + 30	− 1.00E + 30	7705997
X_{13} 维持有机质量（吨）	320	62147	1E + 30	− 1.00E + 30	62467
X_{14} 维持氮量（吨）	17143	107835	1E + 30	− 1.00E + 30	124978
X_{15} 维持磷量（吨）	15989	159011	1E + 30	− 1.00E + 30	175000
X_{16} 维持钾量（吨）	4400	86730	1E + 30	− 1.00E + 30	91130
X_{18} 农田避免土地废弃量（公顷）	1342.94	524407	1E + 30	− 1.00E + 30	525750

问题（2）	约束限制值	允许的增量	允许的减量	允许的最小值	允许的最大值
X_{21}减少泥沙淤积量（立方米）	1.63	116	1E + 30	− 1.00E + 30	118
问题（3）	约束限制值	允许的增量	允许的减量	允许的最小值	允许的最大值
X_1 释氧量（吨）	400	1E + 30	116	2.84E + 02	1E + 30
X_2 固碳量（吨）	759	311	1E + 30	− 1.00E + 30	1070
X_3 涵养水源量（吨）	1.63	4	1E + 30	− 1.00E + 30	6
X_4 净化水质量（吨）	2.6	4	1E + 30	− 1.00E + 30	7
X_8 吸收二氧化硫量（吨）	600	132120	1E + 30	− 1.00E + 30	132720
X_9 吸收二氧化氮量（吨）	600	179785	1E + 30	− 1.00E + 30	180385
X_{10} 吸收氟化氢量（吨）	900	11299569	1E + 30	− 1.00E + 30	11300469
X_{11} 吸收滞尘量（吨）	170	6445673	1E + 30	− 1.00E + 30	6445843
X_{13} 维持有机质量（吨）	320	51932	1E + 30	− 1.00E + 30	52252
X_{14} 维持氮量（吨）	17143	87398	1E + 30	− 1.00E + 30	104541
X_{15} 维持磷量（吨）	15989	130393	1E + 30	− 1.00E + 30	146382
X_{16} 维持钾量（吨）	4400	71827	1E + 30	− 1.00E + 30	76227
X_{18}农田避免土地废弃量（公顷）	1343	438432	1E + 30	− 1.00E + 30	439775
X_{21}减少泥沙淤积量（立方米）	1.63	97	1E + 30	− 1.00E + 30	99

第六章 对最优解终值为零的农业资源补偿标准的进一步研究

第一节 "修正值"概念的提出

通过第五章的研究，可以得出以下结论，运用本书所建立的线性规划模型求解农业资源的生态补偿标准，终值为 0 的生态资源是由于其生态功能与其他生态资源具有较强的相关性，又由于所拥有的面积相对较大，稀缺性不足，因而在"市场竞争中"没有"被雇用"。如果因此而将其生态补偿标准定为 0，显然是不合理的，因为这些生态资源不论是否"被雇用"，都要"生产"生态功能，也都要付出非零的成本，这与一般线性规划所解决的问题条件不同。

解决这一问题的思路是，补偿标准的确定应当将各类农业资源稀缺的程度与其"生产"生态功能的能力结合起来。本书在第三章表 3-17 和第四章表 4-4 都给出了一列"按递减成本改进后终值"，这是将各类资源面积调整为小于等于其"按递减成本改进"的面积，其他类型资源面积不变，所测算的补偿标准的数值。"按递减成本改进后终值"反映了各种类型林地"生产"生态功能的能力，与其现有林地面积无关。

那么，将"改进率"×"按递减成本改进后终值"的数值作为该类农业资源生态补偿标准的修正值，是一种合理的选择。在第三章表 3-17 和第四章表 4-4 的最后一列都给出了"改进率×按递减成本改进后终值"的数值，这便是本书建议的这两个子课题补偿标准的调整值，见表6-1。

表6-1　　　　　按"改进率×按递减成本改进后终值"修正
补偿标准（依据表3-17、表4-4）

辽宁不同 类型林地	改进率	资源稀缺 程度排序	按递减成本 改进后终值	改进率×按递减 成本改进后终值
落叶松林	1.18	11	20000	236
红松	6.32	6	30000	1896
樟子松	9.17	5	30000	2751
油松	1.00	12	20000	200
云杉	100.00	1	30000	30000
其他针叶类	21.72	3	20000	4344
栎类	0.39	15	30000	117
桦树	75.00	2	20000	15000
杨树	1.23	10	20000	246
其他阔叶类	0.69	13	30000	207
针叶混交林	10.19	4	30000	3057
阔叶混交林	0.46	14	20000	92
针阔混交林	2.25	8	30000	675
经济林	1.50	9	3472	52
疏林灌木林	4.05	7	1903	77
北京自然林与 非自然林比较	改进率	资源稀缺 程度排序	按递减成本 改进后终值	改进率×按递减 成本改进后终值
自然保护林	100.00	2	2978	2978
非自然保护林	16.54	5	1489	246
农田	100.00	3	1232	1232
草地	100.00	4	994	994
湿地	100.00	1	39548	39548

事实上，按"改进率×按递减成本改进后终值"修正补偿标准的方法可以作为本书所构建的线性规划模型确定农业资源生态补偿标准通用的方法，不局限于最优解终值为0的生态资源。因为最优解为正

值的生态资源，其"递减成本"为0，"改进率"为100%，"按递减成本改进后终值"即为最优解终值。

综上所述，将"改进率×按递减成本改进后终值"作为修正值的方法，应当成为本书所构建的线性规划模型分析一个必要的、通用的步骤。

第二节 "修正值"概念运用的条件

再次考察本书第五章测算焚烧田和非焚烧田生态补偿标准的方法，发现其与这里的按"改进率×按递减成本改进后终值"修正补偿标准的方法是同一思路。只是因为第五章测算时找到了一个焚烧田与非焚烧田最优解非此即彼为0的临界点，因而从表5-11的数值考察，无论是依据问题（2）的结果还是问题（3）的结果，两个测算中焚烧田和非焚烧田的"递减成本"都等于或无限接近于0，"改进率"都等于或无限接近于100%，因而"改进率"×"按递减成本改进后终值"就是本章得出的两类农田的补偿标准。详见表6-2。

表6-2 按"改进率×按递减成本改进后终值"修正补偿标准（依据表5-11）

问题（2）	终值	递减成本	目标式系数	按递减成本改进	改进率	资源稀缺程度排序	按递减成本改进后终值	改进率×按递减成本改进后终值
焚烧田	0	0.00012	119.55	119.55	99.9999	2	5972	5972
非焚烧田	7140	0	100	100.00	100	1	7140	7140
问题（3）	终值	递减成本	目标式系数	按递减成本改进	改进率	资源稀缺程度排序	按递减成本改进后终值	改进率×按递减成本改进后终值
焚烧田	5972	0	119.54	119.54	100	1	5972	5972
非焚烧田	0	0.008	100	99.99	99.9917	2	7140	7140

但是，如果考察第五章表5－4（焚烧田与非焚烧田面积各占100公顷）线性规划问题（1）最优解敏感性分析结果，运用上述同样原则测算补偿标准的修正值，却得出如下结果，见表6－3。

表6－3　　　　按"改进率×按递减成本改进后终值"
修正补偿标准　（依据表5－4）

问题（1）	终值	递减成本	目标式系数	按递减成本改进	改进率	资源稀缺程度排序	按递减成本改进后终值	改进率×按递减成本改进后终值
焚烧田	5972	0	100	100	100	1	5972	5972
非焚烧田	0	16.35	100	83.65	83.65	2	7140	5972

表6－3显示，按照本书修正值前面总结的原则，焚烧田与非焚烧田修正后的补偿标准都是5972元/公顷，没有显现出差距。

与表6－2相比较，问题主要出在问题（1）非焚烧田"递减成本"不为0（或不是无限接近于0），"改进率"也就不是100%（或无限接近100%），虽然"按递减成本改进后终值"二者差距明显，但是"改进率×按递减成本改进后终值"的数值就相同了。事实上，按照本书设计的算法，此时焚烧田与非焚烧田的"递减成本"与其"按递减成本改进后终值"存在对应的比例关系，导致"改进率×按递减成本改进后终值"肯定相同。

从线性规划的原理分析，农业生态资源的"递减成本"只是说明何时 Y_i 终值为正值，即何时所分析的农业生态资源"被雇用"，如前所述，两个生态功能相关性较强的生态资源，会互相被替代，存在一个"差之毫厘，谬以千里"的临界点，所以，运用本书总结的上述修正值方法还需要深入研究不同条件下可能出现的多种情况。

如果所比较的各类农业生态资源的生态功能之间相关性不强，如本书第二章所测算的北京市四大农业资源生态功能之间的相关性就属于这种情况，这时运用本书所构建的线性规划模型测算补偿标准，前面所述的最优解加修正值的方法是适用的（此时最优解应当均为正值，其修正值与最优解是一样的）。

如果所比较的各类农业生态资源的生态功能之间存在相关性，最优解中一定会有农业资源的终值为0，如本书第三章、第四章、第五章所研究的问题中都存在这一问题。那么应当在生态功能具有相关性的农业资源之间，选择生态功能最强的生态资源为基点考虑问题（农业资源生态功能的强弱由"按递减成本改进后终值"体现）。如果初次测试中的最优解，补偿标准为正值的生态资源中包括生态功能最强的生态资源，则本书所构建的修正值的方法是适用的。如表6-1所显示的第二章辽宁省各类林地补偿标准的线性规划初次试测云杉的补偿标准为正值，且云杉"按递减成本改进后终值"也是最大的，因而运用本书所构建的最优解加修正值的方法是适用的。又如表6-1所显示的第三章北京市自然保护林、非自然保护林、农田、草地、湿地五大资源的补偿标准线性规划测算中，自然保护林与非自然保护林生态功能相关性强，初次测算中自然保护林补偿标准为正值，且自然保护林"按递减成本改进后终值"（2978）大于非自然保护林（1489），因而运用本书所构建的最优解加修正值的方法是适用的。

如果在初次测试的最优解中补偿标准为正值的生态资源中不包括生态功能最强的，这又要分为两种情况。

第一种情况，具有生态功能相关性的生态资源不止两个，本书所构建的最优解加修正值的方法是否适用，需根据测算的情况酌情处理。如在第二章辽宁各类林地生态补偿标准测算中，我们尝试将其他针叶类（其"按递减成本改进后终值"为20000，低于云杉的值30000）的面积改为4700公顷（低于其"按递减成本改进"的面积），此时的最优解只有其他针叶类补偿标准为20000万元/公顷，其他类型林地的补偿标准均为0，而按照本书构建的补偿标准修正值测算出来的结果如表6-4所示。

表6-4显示，云杉修正后补偿标准（29375元/公顷）依然是最大的，大于已经将面积缩减到最小值之外，且成为唯一一个补偿标准为正值的其他针叶类（20000元/公顷），其他类型林地修正后的林地补偿标准与原测算值差距也不大。说明这种情况下，运用本书所构建

的最优解加修正值的方法仍是适用的。如果测算情况不理想，可以再考虑其他方法。

表 6 - 4　　　　　"云杉"与"其他针叶类"生态补偿标准
分别为正值的测算结果比较

	其他针叶类				原测算值（表6-1）
	补偿标准终值	改进率	按递减成本改进后终值	改进率×按递减成本改进后终值	
落叶松林	0	1.2E+00	20000	231	236
红松	0	6.2E+00	30000	1858	1896
樟子松	0	9.0E+00	30000	2693	2751
油松	0	9.8E-01	20000	196	200
云杉	0	9.8E+01	30000	29375	30000
其他针叶类	20000	1.0E+02	20000	20000	4344
栎类	0	3.8E-01	30000	114	117
桦树	0	7.3E+01	20000	14688	15000
杨树	0	1.2E+00	20000	242	246
其他阔叶类	0	6.7E-01	30000	202	207
针叶混交林	0	1.0E+01	30000	2994	3057
阔叶混交林	0	4.5E-01	20000	90	92
针阔混交林	0	2.2E+00	30000	660	675
经济林	0	1.5E+00	3472	51	52
疏林灌木林	0	4.0E+00	1903	75	77

第二种情况，具有生态功能相关性的生态资源只有两个，此时补偿标准为正值的生态资源的生态功能不是二者中的强者，而是弱者，如表6-3所显示的情况。那么，在这种情况下，简单可行的方法，就是将"按递减成本改进后终值"（即反映农业生态资源"生产"生态功能的能力指标）作为补偿标准的修正值，是合理的选择。

第七章 总结与展望

本书主要工作在于对农业生态补偿标准的理论和方法进行研究。从农业生态补偿基本原理出发，建立农业资源的"生态功能"到"生态补偿"之间的经济学理论桥梁，明确农业生态功能的生态补偿的本质内涵；在此基础上构建农业资源生态功能的生态补偿标准线性规划测算分析模型；在运用模型进行具体问题分析中探索其基本原理和规律，总结分析方法和程序；为农业资源生态功能的生态补偿标准的研究和测算提供可参考的工具。

第一节 主要创新点

1. 界定了农业的生态补偿与生态补偿标准的本质内涵

从第一章国内外相关文献回顾和第二章图 2-1 可以看到，以往的相关研究大多对农业生态补偿的几个基本问题（对谁补偿？为什么补偿？补偿什么？补偿标准应该是什么？）没有界定清楚，研究角度各异，因而对补偿标准的研究结果也是五花八门，对实际工作部门而言更缺少实操性。

本书主要的创新点之一是界定了"农业生态补偿"与"生态补偿标准"的本质内涵，将对农业资源生态补偿本质内涵界定为"对农业资源在'生产'生态功能所付出的成本进行补偿，补偿标准应该是资源得到最优配置前提下，资源的边际使用价格，即农业资源'生产'生态功能的影子价格"。这一定义从根本上颠覆了前人的研究对生态补偿概念的理解，农业生态补偿的不是农业资源"生产"生态功能的价值的本身，而是农业资源"生产"生态功能所做出的成本，即其影子价格。

2. 构建了农业生态补偿标准分析模型

在界定农业的生态补偿与生态补偿标准本质内涵的基础上，运用求解影子价格的成熟方法——线性规划方法作为构建分析模型的基本思路，这是本书的第二个创新之处。这一工具的运用可以将前人关于生态补偿标准测算的思路统一在一个模型之中。首先，按照这一思路计算出来的农业资源"生产"生态功能的影子价格（即对各农业资源的生态补偿标准）与农业资源的生态功能和价值测算成为一个问题的两个方面，二者紧密地联系在一起，实现了前人研究中"补偿标准要以农业的生态价值为基础"的要求。其次，按照这一思路计算出来的农业资源"生产"生态功能的影子价格（即对各农业资源的生态补偿标准）是在资源得到最优配置前提下，资源的边际使用价格，它应该不仅体现了前人研究中"补偿标准要考虑支付者的意愿"的要求，还应该能够体现更多的影响补偿标准的非市场因素。尽管分析模型的最终完成还需要进行关于各相关变量的选择和各相关变量数据获取的深入研究，但是这一思路的建立，为后面的研究构筑了一个重要的框架。

3. 开拓了不同条件下的农业生态补偿标准的研究

运用依据上述思路建立的基础模型，本书顺理成章地将研究延伸至"各类资源内部不同结构""各类资源内部不同管理效率""各类资源内部不同自我修复水平"等不同条件下的农业资源生态功能的生态补偿标准研究。这些研究具有前导性，目前学术界和实际工作部门的研究大多还没有提到议事日程。而且，这种延伸性的研究还能够起到举一反三的效果，引导开拓其他类型的不同条件的相关研究。

4. 在线性规划模型具体运用中对生态补偿标准的本质内涵及其主要影响因素进行了更深入的研究

本书在对所建立的线性规划模型求解后的相关敏感性分析以及对各类资源内部不同类型资源补偿标准研究中，需要应对多个问题和难点，得出了若干探索性的结论。这些结论不仅能够深化对生态补偿标准的本质内涵及其主要影响因素的理解，也揭示了本书所建立的模型在实际运用中可能遇到的问题及其原因，并提出解决的途径和方法。

第二节　主要探索性工作与结论

1. 比较从生态服务价值与碳交易两个角度研究农业生态补偿问题的异同与优劣，本书的研究兼顾二者优势

一方面，从生态服务价值角度的研究所涵盖的农业生态功能的范围远远大于从碳交易角度所研究的生态功能。因而，从生态服务价值角度的研究能够避免补偿的不全面问题。例如，从碳交易角度的研究认为湿地（河流）碳排放和碳吸收大致相同，因而不计算湿地的生态贡献，也就不会对湿地进行生态补偿；而从生态服务价值角度的研究结果表明，湿地具有多种生态功能，其生态价值巨大，特别需要研究对湿地的生态补偿问题。另一方面，从碳交易角度的研究提出农业资源本身的碳排放问题，进而提出低碳农业的概念；而从生态服务价值角度的研究更多地注重农业资源对生态的正面效应，较少研究农业资源本身对生态可能造成的负面影响。本书的研究兼顾二者优势，采用从生态服务价值角度研究的多种功能，同时从碳交易角度出发研究所涉及的农业资源本身对生态可能造成的负面影响。

2. 通过数据测算与敏感性分析，确定本书线性规划模型研究的主要价值在于所研究的资源的匹配性，即研究所比较的各种资源的稀缺（或冗余）程度

考虑到本书建立的线性规划模型中的 Y_i 的选取是根据研究需要选择的农业生态资源，并没有囊括能够"生产"各种生态功能的所有要素。因此，研究结果可能只是一个相对的比较概念。尝试将第二章表2-4中北京农业四大资源的现有面积 b_i 同时扩大100倍或1000倍，最优解没有变化，表2-6敏感性分析中的允许增量与减量也解释了这一现象；同样，将第五章表5-3、表5-5、表5-6焚烧田和非焚烧田现有面积同时扩大100倍或1000倍，最优解也没有变化。这些

结果印证了我们的假设，本书线性规划模型研究的主要价值在于所研究的资源的匹配性，即研究所比较的各种资源的稀缺（或冗余）程度，而所得出的各类农业资源生态补偿标准是一个相对的比较概念，在实际工作中，可根据消费者支付能力对各类资源的补偿标准进行等比例的增减。

3. 通过敏感性分析，提出改进率概念，并与最优解配合对所比较的各类资源的稀缺程度进行排序

本书在第二章对北京市四大农业资源补偿标准进行测算后，根据线性规划对偶问题最优解的本质内涵（Y^* 的意义代表在资源最优利用条件下对单位第 i 种资源的估价，是 b_i 的单位改变量所引起的目标函数值的改变量），得出依据北京农业四大资源补偿标准的数值大小对四大资源的稀缺程度进行排序。

本书在第三章对辽宁省各类林地补偿标准进行线性规划模型测算，最优解除了云杉为正值外，其他 14 种类型林地均为 0。因而在其敏感性分析中构建了"按递减成本改进"与"改进率"概念，"按递减成本改进"即"目标式系数 – 递减成本"，显示对冗余林地改进后所剩下的必要的面积；"改进率"即"按递减成本改进/目标式系数 ×100%"，显示各类林地所需资源量占原资源量比例，这一比例的大小反映从生态功能角度分析，各类资源的稀缺与冗余程度。因而可以按照"改进率"的大小对各类林地资源的稀缺程度进行排序。

本书第四章对农业资源内部不同管理效率生态补偿进行测算，将林地分为自然保护林和非自然保护林，然后与农田、草地、湿地三大资源一起，测算五大资源的生态补偿标准，得出了非生态保护林补偿标准为 0，其余四种资源补偿标准均为正值。因而综合前两章的研究结果，提出农业资源稀缺程度按照如下原则排序：改进率为 100% 的，依照终值大小排序；改进率低于 100% 的，按照改进率大小继续依次排序。

4. 通过敏感性分析，了解到影响补偿总额变化的是影子价格为正值的生态功能的价格，提出为降低补偿总额而降低敏感性生态功能价格的多种途径

在各章线性规划最优解的敏感性分析中，了解到影响补偿总额变

化的是影子价格为正值的生态功能的价格，影子价格为 0 的生态功能的价格在允许范围内变化对补偿总额大小没有什么影响。因此提出，如果考虑降低生态补偿总额，则可以根据生态补偿的主要目的，降低一些相对不大重要但又比较敏感的功能的价格（在允许的范围内）。在此基础上，对几种敏感性生态功能（即影子价格为正值的生态功能）各自降至允许范围的最小值，分几种情况，对线性规划最优解进行测算。例如，在第二章表 2 - 7，依次测算 4 种情况——原数据；草地消解固体废弃物价格降至 1479 元/吨，其他不变；草地消解固体废弃物价格降至 1479 元/吨，林地生物多样性价格降至 14 元/公顷，其他不变；草地消解固体废弃物价格降至 1479 元/吨，林地生物多样性价格降至 14 元/公顷，首先湿地洪水调蓄价格降至 1 元/吨，其他不变；草地消解固体废弃物价格降至 1479 元/吨，林地生物多样性价格降至 14 元/公顷，湿地洪水调蓄价格降至 1 元/吨，净化水质量价格降至 1 元/吨。补偿总额从 4.31E +9 元分别降至 4.26E +9 元、2.59E +9 元、1.84E +9 元、1.54E +9 元。

5. 对农业资源内部不同管理效率补偿标准进行研究，发现按照不同管理效率进行补偿，能够实施更精准的补偿，从而实现生态资源的优化配置，降低补偿总费用

第四章的研究以第二章所研究的北京市四大农业资源的数据为基础，将林地分为自然保护林和非自然保护林，其他三大资源不变。线性规划测算结果显示，北京市农业五大资源的补偿标准分别为自然保护林 2978 元/公顷，非自然保护林 0 元/公顷，农田 1232 元/公顷，草地 994 元/公顷，湿地 39548 元/公顷。补偿总额为 2779217599 元。与第二章表2 - 5（即没有将林地分为两类）测算结果二者相比，草地和湿地补偿标准没有变化，农田补偿标准从 1727 元/公顷降至 1232 元/公顷，非自然保护林补偿标准由 1668 元/公顷降至 0，自然保护林补偿标准由 1668 元/公顷升至 2978 元/公顷，补偿总额由 4316506348 元降至 2779217599 元。测算的结果还表明，湿地仍然是北京农业生态功能最稀缺的资源，其次是自然保护林，农田、草地、非自然保护林。这一结果的管理意义在于，对于资源面积最大的林地，将其按管

理水平高低进行分类，可以实施更精准的补偿，从而实现生态资源的优化配置，降低补偿总费用。

6. 对农业资源内部不同自我修复水平补偿标准进行研究，发现"劣币驱逐良币"现象，运用线性规划的基本原理解释其原因，探讨运用本模型求解生态补偿标准的方法所需要具备的条件，提出克服难点的方法

第五章研究农业资源内部不同自我修复水平的补偿标准，将农田分为秸秆焚烧田和非焚烧田两类，为了测算的有效性，不考虑林地、草地和湿地三大资源，并去掉与农田无关的生态功能指标，使与焚烧田和非焚烧田有差距的生态功能指标释氧量成为敏感性生态功能（即影子价格为正值的功能），第一次测算采用两类农田拥有相同的面积（100公顷），却出现了令人难以理解的现象，即"劣币驱逐良币"，焚烧田补偿标准为5972元/公顷，非焚烧田补偿标准为0元/公顷。

本书从线性规划的基本原理解释这一现象，有两个关键点：

（1）两类农田生态功能的数值相关性较强，即两类农田从生态功能角度具有较强的替代性，这样的情况下，线性规划测算结果一定是非此即比，即一个为正值，一个为0。

（2）两类农田现有面积相同，那么对于生态功能较差的焚烧田来说，"生产"同样生态功能所需补偿标准也会低于非焚烧田，从补偿总成本最低的目标值考察，对同样面积给予生态补偿，肯定要选择补偿标准低的资源，放弃补偿标准高的资源。也就是说，此时生态功能高的资源没有"被雇用"。

基于上述原理，本书得出结论，运用本书所建立的线性规划模型求解农业资源的生态补偿标准适用于生态功能差异较大的多种生态资源之间的比较，而同类农业生态资源内部不同类型的生态补偿标准的测算，需要在一定条件下展开，或者考虑合理的方法修正计算出来的补偿标准。

从测算生态补偿标准角度考察，当两种农业生态资源生产功能具有较强的相关性（也即两种生态资源生态功能具有较强替代性）时，只有当生态功能低的生态资源现有面积等比例地大于生态功能高的生

态资源的面积［即生态功能低的生态资源面积/（生态功能低的"生产"效率/生态功能高的"生产"效率）＞生态功能高的生态资源面积］时，测算生态功能高的生态资源的补偿标准才有意义（即测算出生态功能高的生态资源被"雇用"的"工资标准"）。作为对比，可以再用相反的条件，即采用生态功能低的生态资源现有面积等比例地小于等于生态功能高的生态资源的面积［即生态功能低的生态资源面积/（生态功能低的"生产"效率/生态功能高的"生产"效率］≤生态功能高的生态资源面积），测算生态功能低的生态资源的补偿标准（即测算出生态功能低的生态资源被"雇用"的"工资标准"），进而比较两类农业资源补偿标准的差异。

但是，本书同时指出，从分析资源的稀缺性角度该模型在上述情况下的运用仍然具有价值。第三章表3-17和第四章表4-4所展示的资源稀缺程度排序原则"改进率为100%的，依照终值大小排序；改进率低于100%的，按照改进率大小继续依次排序"已经作了具体的说明。

7. 提出补偿标准的确定应当将各类农业资源稀缺的程度与其"生产"生态功能的能力结合起来的思路，以解决线性规划最优解中补偿标准为0的不合理问题

通过本书的研究，得出以下结论，运用所建立的线性规划模型求解农业资源的生态补偿标准，终值为0的生态资源是由于其生态功能与其他生态资源具有较强的相关性，又由于所拥有的面积相对较大，稀缺性不足，因而在"市场竞争中"没有"被雇用"。如果因此而将其生态补偿标准定为0，显然是不合理的，因为这些生态资源不论是否"被雇用"，都要"生产"生态功能，也都要付出非零的成本，这与一般线性规划所解决的问题条件不同。

本书提出解决这一问题的思路：补偿标准的确定应当将各类农业资源稀缺的程度与其"生产"生态功能的能力结合起来。本书在第三章表3-17和第四章表4-4都给出了一列"按递减成本改进后终值"，这是将各类资源面积调整为小于等于其"按递减成本改进"的面积，其他类型资源面积不变，所测算的补偿标准的数值。"按递减

成本改进后终值"反映了各种类型林地"生产"生态功能的能力，与其现有林地面积无关。那么，将"改进率×按递减成本改进后终值"的数值作为该类农业资源的生态补偿标准，就是一种合理的选择。在第三章表3－17和第四章表4－4的最后一列都给出了"改进率×按递减成本改进后终值"的数值，这便是本书建议的这两个子课题补偿标准的修正值。值得注意的是，第四章表4－4最后一列给出了北京市农业五大资源生态补偿标准的修正值，按其计算补偿总额为4.27E＋9元，仍然低于没有将林地按照管理效率高低分类测算的补偿总额4.32E＋9元，与"主要探索性工作与结论"（5）的结论没有矛盾。

8. 将"改进率×按递减成本改进后终值"作为修正值的方法扩展成本书所构建立线性规划模型分析一个必要的、通用的步骤

本书研究发现，按"改进率×按递减成本改进后终值"修正补偿标准的方法可以作为本书所构建的线性规划模型确定农业资源生态补偿标准通用的方法，不局限于最优解终值为0的生态资源。因为最优解为正值的生态资源，其"递减成本"为0，"改进率"为100%，"按递减成本改进后终值"即为最优解终值。

再次考察本书测算焚烧田和非焚烧田生态补偿标准的方法，发现其与按"改进率×按递减成本改进后终值"修正补偿标准的方法是同一思路。只是因为测算时找到了一个焚烧田与非焚烧田最优解非此即彼为0的临界点，因而从表5－11的数值考察，无论是依据问题（2）的结果还是问题（3）的结果，两个测算中焚烧田和非焚烧田的"递减成本"都等于或无限接近于0，"改进率"都等于或无限接近于100%，因而"改进率×按递减成本改进后终值"就是两个测算中得出的两类农田的补偿标准。

综上所述，将"改进率×按递减成本改进后终值"作为修正值的方法，应当成为本书所构建的线性规划模型分析一个必要的、通用的步骤。

9. 继续深入的研究中发现，运用本书总结的上述修正值方法还需要深入研究不同条件下可能出现的多种情况

如果所比较的各类农业生态资源的生态功能之间相关性不强，如

本书第二章所测算的北京市四大农业资源的补偿标准线性规划最优解，本书所构建的最优解加修正值的方法是适用的（此时最优解应当均为正值，其修正值与最优解是一样的）。

如果所比较的各类农业生态资源的生态功能之间存在相关性，最优解中一定会有农业资源的终值为0，如本书第三章、第四章、第五章所研究的问题中都存在这一问题。那么应当在生态功能具有相关性的农业资源之间，选择生态功能最强的生态资源为基点考虑问题（农业资源生态功能的大小由"按递减成本改进后终值"体现）。如果初次测试中的最优解中，补偿标准为正值的生态资源中包括生态功能最强的生态资源，则本书所构建的修正值的方法是适用的。如果在初次测试中的最优解中，补偿标准为正值的生态资源中不包括生态功能最强的，这又要分为两种情况。

第一种情况，具有生态功能相关性的生态资源不止两个，本书所构建的最优解加修正值的方法是否适用，需根据测算的情况酌情处理。如在第二章辽宁各类林地生态补偿标准测算中，尝试将其他针叶类（其"按递减成本改进后终值"为20000，低于云杉的值30000）的面积改为4700公顷（低于其"按递减成本改进"的面积），此时的最优解只有其他针叶类补偿标准为20000万元/公顷，其他类型林地的补偿标准均为0，而按照本书构建的补偿标准修正值测算出来的结果是比较合理的，说明这种情况下，运用本书所构建的最优解加修正值的方法仍是适用的。如果测算情况不理想，可以再考虑其他方法。

第二种情况，具有生态功能相关性的生态资源只有两个，此时补偿标准为正值的生态资源的生态功能不是二者中的强者，而是弱者，那么，在这种情况下，简单可行的方法，就是将"按递减成本改进后终值"（即反映农业生态资源"生产"生态功能的能力指标）作为补偿标准的修正值，应当是合理的选择。

第三节 研究不足与展望

1. 农业资源生态功能与价值的基础数据亟待完善

本书研究过程中需要运用农业资源生态功能与价值的大量基础数据。然而遗憾的是，这些基础性数据存在的问题较多。首先是不一致，不同文献对同一类生态资源生态功能和价格的数据会给出多种结果；其次是不全面，生态功能的类型、各种生态资源的生态功能的数据不完整，有些农业资源的生态功能理应存在（如草地吸收滞尘、净化水质、维持有机质），但查阅多份文献，找不到相关数据；最后是不深入，本书对农业资源内部不同管理效率、不同自我修复水平补偿标准的比较研究，找不到直接的数据进行测算，只能从相对能够反映类似情况的自然保护林与非自然保护林、焚烧田与非焚烧田两个角度展开，而且只能在一两个生态功能上显示差距，因为其他生态功能的差距缺少前人的数据支撑。正因如此，如北京市统计局农林处处长孟素洁所说，这类研究只是导向性的，其结果尚缺乏实操性，因为各种测算数据差距实在太大。虽然孟处长是针对北京市统计局每年发布的《北京市农业生态服务价值监测公报》而言，但也同样适用于对本书研究成果实用价值的评价。进一步提高本书研究成果的实用价值，有赖于各种基础数据研究水平的提高和完善。

2. 与线性规划求解方法有关的问题尚需进一步探讨

本书从线性规划模型求解及其敏感性分析中，发现了多个原理和规律，也探索了一些解决难点问题的角度和方法，初步构建了用此模型求解农业资源补偿标准的程序和步骤，但是，仍然感觉有很多问题尚需进一步探索。例如，"两个生态资源的生态功能具有较强的相关性"如何体现？与数学中的线性相关似乎在精确度上存在较大差异；又如，第三章研究辽宁各种类型林地补偿标准，只有云杉的终值为正值，其他 14 个类型的林地补偿标准均为 0，而在试测中将生态功能最差的疏林和灌木林面积缩减至最小值之外时，出现了两个终值为正值的生态功能。那么，几个生态功能线性相关的农业资源放在一起，补偿标准终值为正值的生态资源的数量与什么因素有关？再如，本书探索了一种按"改进率×按递减成本改进后终值"修正补偿标准的方法，发现其具有通用性，但是又需要根据具体情况灵活运用，这反映出精确的数学方法需要在现实生活中艺术性地加以运用。那么，如何能够把握好二者的结合点？凡此种种问题，提示和告诫着我们，虽然目前自认为已经给出了一套基本能够自圆其说的理论和方法，但是对其基本原理的研究和探索，还远未结束。

参考文献

[1] 白杨、欧阳志云、郑华、徐卫华、江波、方瑜：《海河流域森林生态系统服务功能评估》，《生态学报》2011 年第 7 期。

[2] 车裕斌：《论耕地资源的生态价值及其实现》，《生态经济》2004 年第 1 期。

[3] 陈春阳、陶泽兴、王焕炯、戴君虎：《三江源地区草地生态系统服务价值评估》，《地理科学进展》2012 年第 7 期。

[4] 陈海军、陈刚：《近十年来国内关于农业生态补偿研究综述》，《安徽农业科学》2013 年第 5 期。

[5] 陈能汪、洪华生、张珞平：《九龙江流域大气氮湿沉降研究》，《环境科学》2008 年第 1 期。

[6] 陈鹏：《厦门湿地生态系统服务功能价值评估》，《湿地科学》2006 年第 2 期。

[7] 陈源泉、董孝斌、高旺盛：《黄土高原农业生态补偿的探讨》，《农业系统科学与综合研究》2006 年第 2 期。

[8] 陈源泉、高旺盛：《基于生态经济学理论与方法的生态补偿量化研究》，《系统工程理论与实践》2007 年第 4 期。

[9] 陈源泉、高旺盛：《农业生态补偿的原理与决策模型初探》，《中国农学通报》2007 年第 10 期。

[10] 崔丽娟：《鄱阳湖湿地生态系统功能服务价值评估》，《生态学杂志》2004 年第 4 期。

[11] 崔新蕾、张安录：《选择价值在农地城市流转决策中的应用——以武汉市为例》，《资源科学》2011 年第 4 期。

[12] 段飞舟、陈玲、阿里穆斯：《草原植物种群营养元素生殖分配

表》，《内蒙古大学学报》（自然科学版）2000 年第 2 期。

［13］方瑜、欧阳志云、肖燚、郑华、徐卫华、白杨、江波：《海河流域草地生态系统服务功能及其价值评估》，《自然资源学报》2011 年第 10 期。

［14］韩维栋、高秀梅、卢昌义、林鹏：《中国红树林生态系统生态价值评估》，《生态科学》2000 年第 1 期。

［15］何文清、陈源泉、高旺盛：《农牧交错带风蚀沙化区农业生态系统服务功能的经济价值评估》，《生态学杂志》2004 年第 3 期。

［16］侯元兆、王琦：《中国森林资源核算研究》，《世界林业研究》1995 年第 3 期。

［17］胡兵辉、刘燕、廖允成：《陕西省农业和农村生态环境补偿机制研究》，《干旱区资源与环境》2008 年第 3 期。

［18］黄荣珍、岳永杰、李凤、谢锦升、杨玉盛：《不同类型森林水库调水特性研究》，《水土保持学报》2008 年第 1 期。

［19］江波、欧阳志云、苗鸿、郑华、白杨、庄长伟、方瑜：《海河流域湿地生态系统服务功能价值评价》，《生态学报》2011 年第 8 期。

［20］靳芳、余新晓、鲁绍伟：《中国森林生态服务功能及价值》，《中国林业》2007 年第 7 期。

［21］李国洋：《农业生态系统价值及其应用》，博士学位论文，贵州农业大学，2009 年。

［22］李加林、童亿勤、杨晓平：《杭州湾南岸农业生态系统土壤保持功能及其生态经济价值评估》，《水土保持研究》2005 年第 4 期。

［23］林红：《黑龙江省农业生态补偿机制的创新与融合研究》，《生产力研究》2013 年第 7 期。

［24］刘某承、李文华：《基于净初级生产力的中国生态足迹均衡因子测算》，《自然资源学报》2009 年第 9 期。

［25］刘兴元、龙瑞军、尚占环：《草地生态系统服务功能及其价值

评估方法研究》,《草业学报》2011 年第 1 期。

[26] 刘兴元、牟月亭:《草地生态系统服务功能及其价值评估研究进展》,《草业学报》2012 年第 6 期。

[27] 刘兴元、冯琦胜:《藏北高寒草地生态系统服务价值评估》,《环境科学学报》2012 年第 12 期。

[28] 刘艳:《辽宁省森林生态系统碳储量及生态系统服务功能价值计量》,博士学位论文,北京林业大学,2016 年。

[29] 马建伟、张宋智、郭小龙:《小陇山森林生态系统服务功能价值评估》,《生态与农村环境学报》2007 年第 3 期。

[30] 马长欣、刘建军、康博文、孙尚华、任军辉:《1999—2003 年陕西省森林生态系统固碳释氧服务功能价值评估》,《生态学报》2010 年第 6 期。

[31] 孟范平、李睿倩:《基于能值分析的滨海湿地生态系统服务价值定量化研究进展》,《长江流域资源与环境》2011 年第 8 期。

[32] 孟素洁、郭航、战冬娟:《北京都市型现代农业生态服务价值监测报告》,《数据》2012 年第 4 期。

[33] 闵庆文、谢高地、胡聃:《青海草地生态系统服务功能的价值评估》,《资源科学》2004 年第 3 期。

[34] 牛晓莉、蔡银莺:《城镇居民对农田生态环境与农产品的需求及补偿意愿——基于消费视角的分析》,《农业环境与发展》2011 年第 5 期。

[35] 欧阳志云、王效科、苗鸿:《中国陆地生态系统服务功能及其生态经济价值的初步研究》,《生态学报》1999 年第 5 期。

[36] 欧阳志云、王如松、赵景柱:《生态系统服务功能及其生态经济价值评价》,《应用生态学报》1999 年第 5 期。

[37] 潘怡:《南麂列岛海域生态系统服务及价值评估研究》,《海洋环境科学》2009 年第 2 期。

[38] 彭文英、马思瀛、张丽亚、戴劲:《基于碳平衡的城乡生态补偿长效机制研究——以北京市为例》,《生态经济》2016 年第 9 期。

[39] 秦静、李瑾、孙国兴：《都市型现代农业生态服务功能开发及对策研究——以天津市为例》，《安徽农业科学》2012 年第32 期。

[40] 石福习、宋长春、赵成章、张静、史丽丽：《河西走廊山地—绿洲—荒漠复合农田生态系统服务价值变化及其影响因子》，《中国沙漠》2013 年第 5 期。

[41] 田苗：《湖北省农田生态系统服务价值测算初探》，《湖北农业科学》2013 年第 8 期。

[42] 王风、高尚宾、杜会英、倪喜云、杨怀钦：《农业生态补偿标准核算——以洱海流域环境友好型肥料应用为例》，《农业环境与发展》2011 年第 4 期。

[43] 王金南：《排污收费理论学》，中国环境出版社 1997 年版。

[44] 王瑞雪、颜廷武：《条件价值评估法本土化改进及其验证——来自武汉的实证研究》，《自然资源学报》2006 年第 6 期。

[45] 王晓易：《北京市湿地面积已达 5.14 万公顷》，《中国经济网》（北京）2016 年 9 月 18 日。

[46] 王新闯、齐光、于大炮、周莉、代力民：《吉林省森林生态系统的碳储量、碳密度及其分布》，《应用生态学报》2011 年第8 期。

[47] 王勇、骆世明：《农林生态系统的大气调节功能及价值核算方法》，《生态科学》2007 年第 2 期。

[48] 肖寒、欧阳志云：《森林生态系统服务功能及其生态价值的评估初探》，《应用生态学报》2000 年第 4 期。

[49] 肖玉、谢高地、安凯、刘春兰、陈操操：《华北平原小麦—玉米农田生态系统服务评价》，《中国生态农业学报》2011 年第2 期。

[50] 谢高地、鲁春霞、冷允法、郑度、李双成：《青藏高原生态资产的价值评估》，《自然资源学报》2003 年第 2 期。

[51] 谢高地、张镱锂、鲁春霞：《中国自然草地生态系统服务价值》，《自然资源学报》2001 年第 1 期。

[52] 谢高地、肖玉、甄霖：《我国粮食生产的生态服务价值研究》，《中国生态农业学报》2005 年第 3 期。

[53] 谢高地、肖玉：《农田生态系统服务及其价值的研究进展》，《中国生态农业学报》2013 年第 6 期。

[54] 辛琨、谭凤仪、黄玉山、孙娟、蓝崇钰：《香港米埔湿地生态功能价值估算》，《生态学报》2006 年第 6 期。

[55] 徐丛春、韩增林：《海洋生态系统服务价值的估算框架构筑》，《生态经济》2003 年第 10 期。

[56] 徐丽芬、许学工、罗涛：《基于土地利用的生态系统服务价值当量修订方法——以渤海湾沿岸为例》，《地理研究》2012 年第 10 期。

[57] 许英勤、吴世新、刘朝霞：《塔里木河下游垦区绿洲生态系统服务的价值》，《干旱地区地理》2003 年第 3 期。

[58] 薛达元、包浩生、李文华：《长白山自然保护区生物多样性旅游价值评估研究》，《自然资源学报》1999 年第 2 期。

[59] 严承高、张明祥、王建春：《湿地生物多样性价值评价指标及方法研究》，《林业资源管理》2000 年第 1 期。

[60] 阎水玉、杨培峰、王祥荣：《长江三角洲生态系统服务价值的测度与分析》，《中国人口·资源与环境》2005 年第 1 期。

[61] 杨晓菲、鲁绍伟、饶良懿、耿绍波、曹晓霞、高东：《中国森林生态系统碳储量及其影响因素研究进展》，《西北林学院学报》2011 年第 3 期。

[62] 杨志新、郑大玮、文化：《北京郊区农田生态系统服务功能价值的评估研究》，《自然资源学报》2005 年第 4 期。

[63] 姚先铭、康文星：《城市森林社会服务功能价值评价指标与方法探讨》，《世界林业研究》2007 年第 4 期。

[64] 岳东霞、杜军、巩杰、降同昌、张佳静、郭建军、熊友才：《民勤绿洲农田生态系统服务价值变化及其影响因子的回归分析》，《生态学报》2011 年第 9 期。

[65] 张丹、刘某承、闵庆文、成升魁、孙业红、焦雯：《稻鱼共生

系统生态服务功能价值比较——以浙江省青田县和贵州省从江县为例》,《中国人口·资源与环境》2009 年第 6 期。

［66］张锦华、吴方卫:《现代都市农业的生态服务功能及其价值分析——以上海为例》,《生态经济》(学术版)2008 年第 1 期。

［67］张敏、陈永根、于翠平、潘志强、范冬梅、骆耀平、王校常:《在茶园生产周期过程中茶树群落生物量和碳储量动态估算》,《浙江大学学报》(农业与生命科学版)2013 年第 6 期。

［68］张微微、李晶、刘焱序:《关中—天水经济区农田生态系统服务价值评价》,《干旱地区农业研究》2012 年第 2 期。

［69］张绪良、叶思源、印萍、谷东起:《莱州湾南岸滨海湿地的生态系统服务价值及变化》,《生态学杂志》2008 年第 12 期。

［70］张艳、刘新平:《基于 CVM 法的艾比湖流域农地生态价值评价——以博尔塔拉蒙古自治州为例》,《新疆农业科学》2011 年第 5 期。

［71］张长:《福州城郊农田生态服务价值评估及其调控研究——以闽侯县为例》,硕士学位论文,福建师范大学,2012 年。

［72］赵建宁:《中国粮食作物秸秆焚烧释放碳量的估算》,《农业环境科学学报》2011 年第 4 期。

［73］赵军、杨凯:《生态系统服务价值评估研究进展》,《生态学报》2007 年第 1 期。

［74］赵荣钦、黄爱民、秦明周、杨浩:《农田生态系统服务功能及其评价方法研究》,《农业系统科学与综合研究》2003 年第 4 期。

［75］赵晟、洪华生、张珞平、陈伟琪:《中国红树林生态系统服务的能值价值》,《资源科学》2007 年第 1 期。

［76］赵同谦、欧阳志云、贾良清、郑华:《中国草地生态系统服务功能间接价值评价》,《生态学报》2004 年第 6 期。

［77］周广胜、张新时:《全球气候变化的中国自然植被的净第一性生产力研究》,《植物生态学报》1996 年第 1 期。

［78］周熔基:《现代多功能农业的价值及其评估研究——以湖南为

例》，博士学位论文，湖南农业大学，2011 年。

［79］ 周树林：《草原类型自然保护区自然资本评估》，博士学位论文，北京林业大学，2009 年。

［80］ 邹昭晞：《北京农业生态服务价值与生态补偿机制研究》，《北京社会科学》2010 年第 3 期。

［81］ Bailey A. P. , Rehman T. , Park J. , et al. , " Towards a method for the economic evaluation of environmental indicators for UK integrated arable farming systems", *Agriculture Ecosystems & Environment*, No. 72 , 1999.

［82］ Betters D. R. , "Planning optimal economic structure for agroforestry systems", *Agroforestry Systems*, No. 7 , 1988.

［83］ Betters D. R. , "Planning optimal economic structure for agroforestry systems", *Agroforestry Systems*, No. 7 , 1988.

［84］ Bjorklund J. , Limburg K. E. , Rydberg T. , " Impact of production intensity on the ability of the agricultural landscape to generate eco-system services: an example from Sweden", *Ecological Economics*, Vol. 29 , No. 2 , 1999.

［85］ Bockstael N. , Costanza R. , Strand I. , et al. , "Ecological economic modeling and valuation of ecosystems", *Ecological Economics*, No. 14 , 1995.

［86］ Boody G. , Vondracek B. , Andow D. A. , et al. , "Multifunctional agriculture in the United States", *Bioscience*, Vol. 55 , No. 1 , 2005.

［87］ Costanza R. , Farber S. , Maxwell J. , "The valuation and manage-ment of wetland ecosystems", *Ecological Economics*, No. 1 , 1989.

［88］ Costanza R. , d' Arge R. , de G. root R. , et al. , "The value of the world's ecosystem services and natural capital", *Nature*, No. 387 , 1997.

［89］ Daily G. C. , *Nature's Service Societal Dependence on Natural Ecosys-tems*, Washington D. C. : Island Press, 1997.

［90］ Daily G. C. , " Management objectives for the protection of ecosystem services", *Environmental Science & Policy*, Vol. 3, No. 6, 2000.

[91] Davis R. K., "Recreation planning as an economic problem", *Natural Resources Journal*, No. 3, 1963.

[92] De Groot R. S., Wilson M. A., Boumans R. M. J., " A typology for the classification, description and valuation of ecosystem functions, goods and services", *Ecological Economics*, No. 41, 2002.

[93] English B. C., Heady E. O., "Analysis of long – term agricultural resource use and productivity change for U. S. agriculture", *Economic Models of Agricultural Land Conservation and Environmental Improvement*, Ames, Iowa: Iowa State University Press, 1992.

[94] Glimour D. A., Bonell M., Cassells D. S., "The effects of forestation on soil hydraulic properties in the Middle Hills of Nepal: A preliminary assessment", *Mountain Research and Development*, No. 7, 1987.

[95] Holder J., Ehrlich P. R., "Human population and global environment", *American Scientist*, No. 62, 1974.

[96] Holmund C., Hammer M., "Ecosystem services generated by fish population", *Ecological Economics*, No. 29, 1999.

[97] Miguel A. A., "The ecological role of biodiversity in agroecosystem", *Agriculture, Ecosystems and Environment*, No. 74, 1999.

[98] Naylor R., Ehrlich P., "Natural pest control services and agriculture", *Nature's Services: Societal Dependence on Natural Ecosystems*, Washington: Island Press, 1997.

[99] Penning de Vries F. W. T., Agus F., Kerr J., *Soil Erosion at Multiple Scale*, Wallingford, UK: CBAI Publishing, 1998.

[100] Pretty J. N., Brett C., Gee D., et al., "An assessment of the total external costs of UK agriculture", *Agricultural Systems*, No. 65, 2000.

[101] Pretty J., Ball A., *Agricultural influences on carbon emissions and sequestration: A review of evidence and the emerging trading options*,

Essex： Centre for Environment and Society, University of Essex, 2001.

[102] Rigby D., Woodhouse P., Young T., et al., "Constructing a farm level indicator of sustainable agricultural practice", *Ecological Economics*, No. 39, 2001.

[103] Rounsevell M. D. A., "Future scenarios of European agricultural land use Ⅱ. Projecting changes in cropland and glass land", *Agriculture, Ecosystems and Environment*, No. 107, 2005.

[104] Sandhu H. S., Wratten S. D., Cullen R., et al., "The future of farming: The value of ecosystem services in conventional and organic arable land. An experimental approach", *Ecological Economics*, No. 64, 2008.

[105] Swift M. J., "Biodiversity and ecosystem services in agricultural landscapes – Are we asking the right question?", *Agriculture, Ecosystems and Environment*, No. 104, 2004.

[106] Swinton S. M., Lupi F., Robertson G. P., et al., "Ecosystem services and agriculture: Cultivating agricultural ecosystems for diverse benefit", *Ecological Economics*, Vol. 64, No. 2, 2007.

[107] Vocke G. F., Heady E. O. (Ed), "Economic Models of Agricultural Land Conservation and Environmental Improvement", *Ames, Iowa: Iowa State University Press, 1992.

[108] Wade J. C., Heady E. O., "An interregional model for evaluating the control of sediment from agriculture", *Economic Models of Agricultural Land Conservation and Environmental Improvement*, Ames, Iowa: Iowa State University Press, 1992.

[109] Wagner J. E. A., "Role for economic analysis in the ecosystem management debate", *Landscape and Urban Planning*, No. 40, 1998.

[110] Wall D. H., Bardgett R. D., Kelly E. F., "Biodiversity in the dark", *Nature Geoscience*, Vol. 3, No. 5, 2010.

[111] Wood S. , Sebastian K. , Scherr S. J. , *Pilot analysis of global eco-systems: Agroecosystems*, Washington: International Food Policy Research Institute and World Resources Institute, 2000.

[112] Zhang W. , Ricketts T. H. , Kremen C. , et al. , "Ecosystem services and dis – services to agriculture", *Ecological Economics*, Vol. 64, No. 2, 2007.